CATÉCHISME

AGRICOLE

A L'USAGE

DE LA

JEUNESSE BRETONNE,

SUIVI D'UNE

COMPTABILITÉ

AGRICOLE;

PAR H. QUERRET.

GUINGAMP,

IMPRIMERIE DE B. JOLLIVET.

1846.

CATÉCHISME

DE LA

JEUNESSE BRETONNE,

suivi d'un

COMPLÉMENT

CATHOLIQUE

IMPRIMERIE DE B. JOLLIVET.

1840.

CATÉCHISME

AGRICOLE

A L'USAGE DE LA JEUNESSE BRETONNE.

S

CATÉCHISME

AGRICOLE

A L'USAGE

DE LA

JEUNESSE BRETONNE,

SUIVI D'UNE

COMPTABILITÉ

AGRICOLE;

PAR H. QUERRET.

GUINGAMP,

IMPRIMERIE DE B. JOLLIVET.

1846.

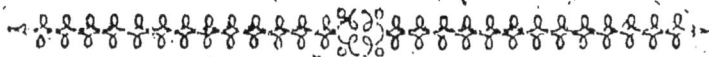

INTRODUCTION

AU

COURS ÉLÉMENTAIRE

D'AGRICULTURE BRETONNE,

Par H. QUERRET.

A Messieurs les Membres de l'Association bretonne et des Sociétés et Comices agricoles de
la Brétagne et à tous les Agronomes bretons.

Experto crede.

MESSIEURS,

L'amour du bien public et un sentiment de patriotisme
éclairé vous ont inspiré la généreuse pensée de rendre po-
pulaires dans notre Bretagne les documents les plus certains de la science agricole, en les propageant par la voie
et sous la forme d'un enseignement élémentaire. Vous
avez, pour accomplir cette œuvre toute philantropique,
réclamé le concours des hommes spéciaux, chez qui l'étude
et une expérience observatrice avaient pu faire naître un
système et des convictions. Je viens à ce titre répondre à
votre appel, et vous soumettre, en invoquant aussi l'expérience et l'étude, les observations d'une pratique longue
et attentive et les théories que je crois pouvoir en déduire.

Le livre que j'ai fait, Messieurs, est, comme vous le dé-
sirez tous, un ouvrage élémentaire ; il a pour but les inté-

rêts matériels et spéciaux du pays; il est, si j'ai réussi,
approprié à ses besoins, à ses ressources et au caractère
de ses habitans. Fortement préoccupé de ces trois circonstances sur les conditions, je ne dirai pas du succès, mais
de l'utilité, mais de l'existence de tout ouvrage sérieux
sur l'agriculture, j'ai dû, avec une attention consciencieuse, rechercher quels étaient ces besoins, calculer ces
ressources et étudier le caractère du Breton : or, voici en
peu de mots, le résultat de cet examen, qui lui seul serait,
au besoin, la matière d'un livre intéressant et curieux.

§ 1.

Du caractère breton.

Il faut, pour le trouver pur, le saisir chez le cultivateur
seulement à l'aise; au-dessus, il est altéré par le contact
de la civilisation, le désir de sortir de sa classe, et l'adresse
que lui ont enseignée ses relations commerciales; au-dessous
il est perdu sous la livrée de la misère : le riche cultivateur
breton devient quelquefois maquignon normand, le pauvre est un mercenaire.

Entre ces deux extrêmes, il est, en Bretagne, une classe
nombreuse de propriétaires-cultivateurs et de fermiers
intelligents (abeille travailleuse dans notre ruche sociale),
dans laquelle se sont conservés intacts les mœurs, les habitudes, les croyances, et jusques aux préjugés nationaux.
Là se trouvent réunis à un haut degré, l'amour du travail
qui fait entreprendre; la persévérance et la ténacité qui
font réussir; la tempérance, la sobriété et l'esprit d'ordre
qui conservent.

Nés sous un climat rigoureux et doués par la nature
d'un tempérament robuste, les Bretons supportent sans se
plaindre, les privations, les fatigues, le froid, l'humidité :
aussi, comme à ces qualités se joint presque toujours un
courage naturel et raisonné, sont-ils nos meilleurs marins
et nos plus intrépides soldats.

Toutefois, cette énergie que l'occasion réveille, que la
position développe dans le caractère du Breton, n'existe
chez lui, dans ses relations habituelles de famille ou d'affaires, qu'à l'état de diamant brut dont l'usage, faute de
besoins, lui reste souvent toute sa vie inconnu. Celles de
ses qualités dont il use fréquemment, sont un grand fonds
de loyauté, de justice, de générosité, mitigé toutefois par

la méfiance que lui inspirent les étrangers, qui le trompent souvent, et qui, d'ailleurs, en Basse-Bretagne, ne parlent pas sa langue; une piété basée sur une foi profonde, mais quelquefois superstitieuse, un respect inaltérable pour les traditions paternelles et les usages anciens, en sorte que les bonnes leçons qu'il a reçues dans l'enfance portent fruit, mais qu'aussi les coutumes routinières ne cèdent que pied à pied devant les expériences les plus concluantes, même après des exemples nombreux et incessans. — Il faut donc, en pratique, pour avoir aux yeux des cultivateurs bretons le droit de les enseigner, avoir fait comme eux d'abord et avec leurs méthodes, puis avoir fait mieux en appliquant la vôtre : il faut, pour qu'ils puissent recevoir une instruction théorique, qu'elle leur parvienne sous la même forme que la seule qu'ils aient jamais reçue, et par un moyen analogue; or, la seule instruction écrite qui leur ait été transmise est celle des dogmes de leur religion sous la forme interrogative du catéchisme. La science de l'agriculture doit leur arriver sous cet aspect familier. Toutefois, si les hommes dévoués et instruits qui leur ont expliqué les premiers dogmes du chrétien ont dû eux-mêmes acquérir les connaissances de l'art à enseigner et de l'art de l'enseignement, telles doivent être aussi les obligations de leurs maîtres en agriculture, et, pour arriver à ce double résultat, j'ai cru devoir diviser mon ouvrage en deux parties. Dans la première, qui a pour titre : *Cours élémentaire d'agriculture bretonne*, je donne au professeur l'analyse et l'explication de chaque matière à enseigner; dans la seconde intitulée : *Catéchisme agricole à l'usage de la jeunesse bretonne*, je donne les questions à faire à l'élève.

§ 2.

Des ressources que présente la Bretagne au développement de l'industrie agricole.

Malheureusement ces ressources sont en Bretagne toujours faibles, souvent d'un revenu intermittent, parfois nulles : Faibles chez tous; intermittentes chez le fermier que sa récolte, son seul avoir, rend riche ou pauvre pour l'année : nulles chez le journalier cultivant au temps perdu le champ de pommes de terre ou de sarrasin qui le garantit à peu près de la faim. Si donc on veut arriver à faire germer des idées de progrès, à faire pratiquer des essais d'amélioration dans un pays où le morcellement de la propriété et l'élévation des prix de ferme ont fait un besoin premier de la récolte de l'année, il faut que ces idées de progrès soient étayées de l'exemple ; que ces essais d'amélioration soient présentés couronnés d'un succès obtenu : aussi, fidèle à mon principe évoqué, *experto crede*, n'ai-je conseillé que ce que j'ai fait ; n'ai-je vanté que des succès obtenus et visibles à tous.

Toutefois, avec ces garanties d'un résultat avantageux, nos ressources, comme je l'ai dit, faibles chez tous, ne permettront-elles d'y arriver qu'à pas lents et par une transition insensible, chaque cultivateur ne pouvant risquer, pour l'atteindre, que le trop plein de sa grange, l'excédant de sa consommation annuelle..... C'est donc sur ce seul pivot que doivent se mouvoir toutes les idées nouvelles de nos Bretons et leurs projets d'amélioration ; encore y trouvent-ils pour concurrent la réserve à opposer aux années mauvaises, aux accidents, aux maladies. Compromettre d'aussi faibles et d'aussi utiles ressources par des conseils systématiques et incertains serait un acte irréfléchi, ou une action mauvaise ; mais enlever ce petit capital à son inaction improductive, le faire entrer avec prudence dans le cercle des opérations agricoles, l'augmenter ainsi en excitant l'émulation de son propriétaire et l'amour de son industrie, c'est là, je le crois, l'œuvre d'un bon citoyen, le but que vous vous proposez, Messieurs, celui pour lequel je travaille.

§ 3.

Des besoins de l'agriculture bretonne.

De l'augmentation de nos ressources dépend la diminution progressive de nos besoins, et ces besoins, pour nos cultivateurs, sont aujourd'hui, je dois le dire, si grands, si nombreux, si immédiats, qu'il est de l'intérêt de tous de les combattre, ou d'essayer de s'y soustraire, et je crois pouvoir ajouter, du devoir de nos gouvernans de les étudier et d'y pourvoir.

De hautes questions d'économie politique et de bien-être national sont liées à l'examen sérieux et éclairé des besoins de notre industrie agricole que j'ai souvent signalés. Ni ma position, ni le but, ni la forme de mon ouvrage, ne m'ont permis de les aborder ici : cependant, énoncer partout ses convictions pour le bien, est, je crois, un devoir ; je citerai donc encore comme besoins pour lesquels nous ne pouvons que demander et attendre ; 1. l'abolition de l'impôt sur le sel considéré comme engrais ; 2. la réforme de la loi sur les vices rédhibitoires, etc., etc., etc. (Voir mon opuscule sur les encouragemens à donner à l'agriculture bretonne, publié en 1843).

Tels sont, je crois, nos premiers, nos principaux besoins, ceux dont nous avons à souffrir et qui entravent nos progrès ; quant à ceux qui nous profitent, c'est-à-dire ceux de la consommation locale, ceux qui commandent telles ou telles cultures et les rendent avantageuses, ceux-là, comme je l'ai dit, je les ai recherchés avec soin, et c'est sous leur influence que sont tracées les règles de culture et d'amélioration que j'ai données. En effet, à tel canton avide de tels produits, coutumier de telle consommation, tous les efforts de culture doivent tendre, autant que le permet la nature du sol, à multiplier ces produits, à fournir à cette consommation. J'ai donc dû (rien n'étant absolu en agriculture) rechercher les bonnes méthodes et les appliquer aux localités auxquelles elles conviennent, puis, pour telle autre localité indiquer des procédés d'un moindre mérite absolu, d'un plus grand succès relatif ; enfin, descendre la culture jusqu'au sol, en attendant que les améliorations aient élevé le sol à la culture.

En résumé je ne me suis point caché, Messieurs, tout ce qu'offrait de difficultés et d'écueils l'ouvrage que j'ai entrepris et que je vous offre : mais quand il n'aurait à vos yeux d'autre mérite que celui d'être une œuvre consciencieuse et vraie, je réclamerais encore pour elle votre indulgence et votre bienveillante attention, en invoquant pour excuse les obstacles sans nombre que présente la forme que vous paraissez désirer.

En effet, écrire pour l'enseignement n'exige pas seulement une étude approfondie des matières que l'on traite, cette tâche vous impose encore l'obligation de faire croire aux vérités émises et de les faire comprendre à tous.

Dès lors, abréger autant que possible la nomenclature, en traduire en langage vulgaire les termes trop peu connus, enlever à la science son aspect grave et doctoral, pour la rendre familière et accessible à tous, en la revêtant des formes simples et modestes des disciples que vous lui des-

2*

tinez, telle a été la pensée qui a présidé à l'ensemble de
mon cours d'agriculture bretonne. Votre sagesse, Messieurs, et votre savoir éclairé, diront si j'ai réussi.

Votre très obéissant et très dévoué collègue,

H. QUERRET.

Propriétaire-Agriculteur, inspecteur de l'*Association bretonne* pour l'arrondissement de Morlaix.

A la terre du Cosquérou, près Morlaix. —
5. Avril 1845.

CATÉCHISME

AGRICOLE

À l'usage de la Jeunesse bretonne.

Experientia rerum magistra.

CHAPITRE PREMIER.

De la nature des terres qui composent le sol de la Bretagne.

Demande. Qu'est-ce que l'agriculture ?

Réponse. C'est l'art de fertiliser le sol ; c'est le premier le plus utile, le plus essentiel de tous les arts.

D. Qu'est-ce que le sol ?

R. C'est la couche de terre qui est à la surface, et qui sert à produire les grains, les fruits, les plantes, les arbres, et en général tout ce qui sert aux premiers besoins de l'homme et des animaux.

D. Le sol est-il partout le même ?

R. Non ; il diffère tant par les élémens qui le composent naturellement, que par les améliorations ou les détériorations que lui ont porté la main de l'homme ou l'intempérie des saisons.

D. Qu'entend-on par élémens ?

R. Ce sont des corps simples et primitifs qui entrent dans la composition des corps mixtes et mélangés.

D. Quels sont les premiers élémens du sol breton ?

R. Les trois premiers élémens sont, 1. une terre nommée argile, qui constitue la majeure partie du sol ; 2. des sables de différentes espèces ; 3. de l'humus.

D. Y a-t-il d'autres élémens dans le sol ?

R. Oui , et qui varient à l'infini , tels que le mica , la magnésie , l'oxide de fer , et différens sels insolubles.

D. Quels sont ceux de ces élémens qui sont reconnaissables à la première vue ?

R. Ce sont les trois premiers ; et, dans les seconds, l'oxide de fer ; ce sont aussi les quatre élémens qu'il est important de bien connaître en agriculture simple.

D. Les trois élémens premiers ne sont-ils pas eux-mêmes composés d'autres élémens ?

R. Oui ; l'argile se compose de deux corps que la science a nommés silice et alumine. L'humus contient, outre de l'argile et du sable, des corps que les savans nomment hydrogène , oxigène , carbone , azote , etc. , etc.

D. A quoi reconnaît-on l'argile ?

R. Bien que l'argile soit partout dans les terres bretonnes , elle ne s'y trouve jamais dans son état primitif de pureté ; aussi ne peut-on en fixer la couleur , qui varie du jaune pâle au rouge et au brun , selon que l'argile est plus ou moins mêlée à d'autres substances ; on la trouve ordinairement en masse compacte et dense au-dessous de l'humus , qui est toujours à la surface des terres non cultivées, et au-dessous du sol arable dans les terres soumises à la culture.

D. Qu'est-ce que l'humus ?

R. C'est une terre noirâtre qui est à la surface du sol.

D. Y a-t-il plusieurs espèces d'humus ?

R. Oui ; 1. celui qui existe dans toutes les terres , même là où la main de l'homme n'a encore rien fait et qui est dû à la décomposition des végétaux ; 2. celui qui aujourd'hui forme la meilleure partie de nos terres fertiles et qui est le résultat des fumures et des amendemens autant que de la décomposition des végétaux.

D. Comment classe-t-on les terres en Bretagne ?

R. En terres chaudes, terres froides, terres de pré, terres de bois, terres d'alluvion, et terres de marais.

Art. II. Des terres chaudes.

D. Qu'appelle-t-on, en Bretagne , terres chaudes ?

R. Ce sont les terres destinées depuis longtemps à la culture.

D. Combien y a-t-il d'espèces de terres chaudes ?

R. Trois : les terres fortes ou lourdes, les terres franches et les terres légères.

D. Qu'entend-t-on par terres fortes ?

R. Ce sont celles où l'argile domine, qui se trouvent ordinairement dans les plateaux humides, et que l'on reconnaît à ce qu'elles sont plus lourdes, plus compactes, et par conséquent plus difficiles à charruer.

D. Qu'appelle-t-on terres franches ?

R. Celles où l'argile, le sable et l'humus sont bien mélangés, qui ne sont pas trop dures à la charrue, et qu'une longue et bonne culture ont rendu faciles à diviser, sans les rendre trop légères.

D. Qu'appelle-t-on terres légères ?

R. Ce sont celles où le sable domine, qui sont faciles à charruer, et qui se divisent, ou, en d'autres termes, s'ameublissent naturellement.

Art. 2. Des terres froides.

D. Qu'appelle-t-on terres froides, en Bretagne ?

R. C'est une quantité considérable de terrains qui produisent naturellement ou par suite d'écobuage, des landes, de la bruyère, quelques arbustes, et même des plantes marécageuses.

D. Comment doit-on classer les terres froides ?

R. En terres argilo-sableuses ; 2. en terres sablo-argileuses ; 3. en terres sablo-argilo-ferrugineuses ; 4. en terres granitiques ; 5. en terres quartzeuses et graveleuses ; 6. en terres schisteuses ; 7. en terres de bruyère ; 8. en terres argilo-marécageuses.

D. Qu'est-ce qu'une terre argilo-sableuse ?

R. C'est celle qui produit la meilleure lande : elle est composée d'argile, de sable, et d'un peu d'humus, et est ordinairement d'une couleur jaune tirant sur le rouge.

D. Qu'est-ce qu'une terre sablo-argileuse ?

R. C'est celle qui, ressemblant à la précédente, est plus légère que cette dernière, et produit une lande plus rare et moins nourrie.

D. Qu'appelle-t-on terres sablo-argilo-ferrugineuses ?

R. Ce sont celles qui, composées d'argile, de sable et d'humus, sont imprégnées d'oxide de fer, ce qui les rend moins fertiles et d'une couleur rougeâtre tirant sur le brun.

D. Qu'est-ce qu'une terre granitique ?

R. C'est celle qui contient des graviers plus ou moins gros, provenant de la décomposition d'une pierre très commune en Bretagne, que l'on nomme granit ; ces terres

1. **

sont généralement peu fertiles et d'une couleur qui varie du jaune au rouge foncé.

D. Q'appelle-t-on terres quartzeuses ou graveleuses ?

R. Ce sont celles qui, outre les élémens des terres d'argile et de sable, contiennent des graviers de quartz (pierre blanche) ou des graviers de pierres argileuses (1) : ces terres, d'une couleur plus ou moins foncée, sont meilleures que les précédentes et se reconnaissent aux petites pierres blanches et grises ou rougeâtres qu'elles contiennent.

D. Qu'entend-t-on par terres schisteuses

R. Ce sont celles qui reposent sur des pierres d'ardoise, qui ont été formées par la décomposition successive de ces pierres. Lorsque ces terres contiennent une quantité suffisante d'humus et d'argile, elles sont susceptibles de contenir autre chose que des genêts et des landes ; on les reconnaît à leur couleur d'ardoise et à ce qu'elles sont moins légères que les autres terres froides.

D. Qu'appelle-t-on terres de bruyère ?

R. Ce sont celles où domine le sable et un humus très léger formé du détritus des bruyères ; elles sont ordinairement de couleur brune et peu fertiles.

D. Qu'entend-t-on par terres argilo-marécageuses ?

R. Ce sont celles où la tourbe forme un des principaux élémens.

D. Qu'est-ce que la tourbe ?

R. C'est un détritus de végétaux de marais, ordinairement imprégné d'une eau noire, huileuse et fétide, qui rend la tourbe infertile et empêche les végétaux enfouis de se décomposer entièrement. La tourbe se trouve à toutes les profondeurs et sert au chauffage, quand elle a été desséchée au soleil.

Art. 2. Des terres sous bois.

D. Comment distingue-t-on les bois ?

R. En bois de haute futaie et en taillis : les premiers sont composés de grands et vieux arbres ; les seconds de bran-

(1) Dans l'impossibilité de spécifier les variétés considérables de pierres que l'on rencontre dans les terres bretonnes, et pour ne pas fatiguer l'esprit et la mémoire de nos jeunes cultivateurs d'une nomenclature toute scientifique, nous ne citons que les pierres argileuses qui sont les plus communes en Bretagne.

ches qui poussent sur des souches à fleur de terre, et que l'on coupe quand elles peuvent faire des rondins et des fagots.

D. Quel est le sol des bois en Bretagne?

R. Ordinairement l'argile y domine; mais il est, comme celui des terres froides, très varié, et l'humus qu'il renferme, formé de la décomposition successive des feuilles mortes, rend le sol des bois plus fertile que celui des terres de landes et de bruyères.

Art. 4. Des terres sous prairies.

D. Qu'appelle-t-on prairies?

R. Ce sont les terrains qui rapportent l'herbe et le foin destinés à la nourriture des animaux.

D. Avons-nous, en Bretagne, plusieurs espèces de prairies?

R. Oui; les prairies arrosées, les prairies basses, les prairies sèches.

D. Les prairies arrosées ne se distinguent-elles pas dans notre pays par des noms particuliers?

R. Oui: en prairies arrosées proprement dites, et en fraîches.

D. Qu'appelle-t-on fraîches en Basse-Bretagne?

R. Ce sont des prairies arrosées, de première qualité, placées ordinairement près des sources ou des égouts, des écuries et des buanderies, et qui donnent toute l'année de l'herbe que l'on coupe en vert.

D. Quel est en général le sol des prairies bretonnes?

R. Le même que celui des terres chaudes; leur nature ne varie que par la plus ou moins grande quantité de détritus des végétaux qui se trouvent mélangés à la terre, et par la qualité de ces détritus, qui sont souvent tourbeux.

Art. 5. Des terres d'alluvion.

D. Qu'entend-t-on par terres d'alluvion?

R. Ce sont des terres qui se trouvent sur les bords des rivières et de la mer, et qui sont formées par le dépôt successif des boues ou vases que le cours des rivières ou les marées remuent: les terres d'alluvion s'appellent aussi lais et relais de mer ou de rivière.

D. Quelle est la nature de ces terres?

R. Les relais de mer sont composés, outre des mêmes éléments que les terres qui les avoisinent, de sables plus on moins calcaires et de détritus de végétaux et d'animaux marins.

D. Qu'est-ce que le sable calcaire ?

R. C'est celui qui est composé, en partie, de débris de coraux et de coquillages, substances qui, soumises à l'action du feu, feraient de la chaux ; en général, les pierres, les terres, les sables calcaires, sont des pierres, des terres et des sables de chaux.

D. Quelle est la nature des lais de rivières ?

R. Lorsque la mer y monte, ils sont de même nature que les lais de mer ; lorsqu'elle n'y monte pas, ils sont composés de terres et de débris de végétaux que les rivières charrient. Les lais de mer et de rivières sont ordinairement très fertiles.

Art. 6. Des marais.

D. Qu'appelle-t-on marais ?

R. Ce sont des terrains couverts d'eaux stagnantes, dont ils ne peuvent être débarrassés que par les effets de l'évaporation et par des travaux de desséchement.

D. Quelle est la nature du sol de marais ?

R. Il est ordinairement tourbeux ou argilo-tourbeux.

CHAPITRE SECOND.

Des sous-sols.

D. Qu'appelle-t-on sous-sol ?

R. C'est la couche de pierre ou de terre sur laquelle repose le sol cultivé ou végétable.

D. Combien distingue-t-on, en Bretagne, de sortes de sous-sols ?

R. Trois sortes : le sous-sol de terre, le sous-sol de pierre, le sous-sol mélangé de terre, de pierres et de graviers. Le sous-sol varie quelquefois dans le même champ et ne se rencontre guère à la même profondeur que dans les champs cultivés.

D. De quoi se compose le sous-sol de terre ?

R. Tantôt des mêmes élémens que la couche supérieure, à l'exception toutefois de l'humus, tantôt de substances de natures différentes.

D. D'après cette distinction, quels sont, en Bretagne, les principaux sous-sols terreux ?

R. Les trois principaux sont : l'argileux ou terre jaune, l'argilo-silicieux ou terre blanche, et l'argilo-sableux ou terre d'un jaune pâle ; les deux premiers, qui sont les plus communs, sont les plus compactes ; l'autre est plus léger : l'argilo-sableux se subdivise en argilo-sableux proprement dit, et en argilo-graveleux. Ce dernier est plus tenace et moins susceptible de fertilisation : sa couleur varie du jaune pâle au brun, selon qu'il est plus ou moins mélangé de gravier et d'oxide de fer.

D. Le sous-sol de pierre ne se divise-t-il pas en trois espèces ?

R. Oui, nous avons en Bretagne le sous-sol graniteux, le schisteux et le schisto-quartzeux.

D. Qu'est-ce que le sous-sol graniteux ?

R. C'est celui qui se compose de granit et d'autres pierres argileuses, dont la surface est ordinairement dans un commencement de décomposition.

D. Qu'est-ce que le sous-sol schisteux ?

R. C'est le sous-sol de pierres ardoisines ; il est quelquefois mêlé de quartz (pierre blanche fort dure), et prend alors le nom de schisto-quartzeux.

CHAPITRE TROIS.

Du mélange du sous-sol avec le sol.

D. Y a-t-il avantage de mêler le sous-sol avec le sol ?

R. Oui, mais seulement quand cela peut contribuer à augmenter la couche de terre arable sans trop l'appauvrir.

D. Qu'appelle-t-on terre arable ?

R. C'est celle que l'on cultive soit à la charrue, soit avec d'autres instruments aratoires.

D. Qu'appelle-t-on, en Bretagne, terre à froment ?

R. C'est la meilleure terre arable.

D. Quelles sont les qualités d'une bonne terre à froment ?

R. Il faut, 1. qu'elle soit susceptible d'être ameublie par la culture, sans être trop légère ; 2. que sa couleur soit plutôt foncée que claire ; 3. qu'elle contienne, outre l'ar-

1***

gile et le sable qui en forment la base, quelques substances calcaires, qu'à défaut de calcaire terreux on va chercher à la mer ou que l'on obtient de l'industrie ; 4. qu'elle ait les propriétés ci-dessus à une profondeur de 40 à 45 centimètres (de 14 à 16 pouces) ; 5. enfin, que la superficie du sous-sol, si ce sous-sol est imperméable, soit plane, et ait une inclinaison suffisante pour permettre aux eaux de s'écouler.

D. Pourquoi faut-il qu'elle soit susceptible d'être ameublie par la culture, sans être trop légère ?

R. Parce qu'il faut que les racines y pénètrent facilement, que les germes la soulèvent, et qu'en même temps elle soit assez tenace pour que les tiges ébranlées par les vents résistent à l'aide de leurs racines.

D. Pourquoi faut-il qu'elle contienne, outre l'argile et les sables qui en font la base, de l'humus et du calcaire ?

R. Parce que l'humus, par sa décomposition spontanée, fournit aux plantes des aliments solubles et volatiles, et que la science et l'expérience vous ont appris que les substances calcaires, mêlées en quantité suffisante aux sables et à l'argile, y détruisent les acides, presque tous contraires à la végétation.

D. Pourquoi faut-il que sa couleur soit plutôt foncée que claire ?

R. Parce qu'il est reconnu que les couleurs foncées ont la propriété de s'échauffer plus facilement aux rayons solaires, et que l'expérience a prouvé que nos terres brunes, lorsqu'elles ont été frappées par le soleil, ont la propriété de conserver aux plantes qui y croissent une chaleur humide qui excite puissamment la végétation.

D. Pourquoi faut-il qu'elle conserve les qualités ci-dessus à une profondeur de 40 à 45 centimètres ?

R. Parce que dans la culture alterne, qui est le meilleur assolement, il y a des plantes dont les racines sont profondes, et qu'il faut que les racines ne soient pas arrêtées et paralysées par la rencontre d'un sous-sol infertile.

D. Pourquoi faut-il que la superficie du sous-sol, si le sous-sol est imperméable, soit plane et ait une inclinaison suffisante pour empêcher les eaux d'y séjourner ?

R. Parce qu'une quantité d'eau dans la terre qui dépasserait celle nécessaire pour y entretenir une humidité suffisante pour activer la végétation, formerait avant peu dans les champs des places fangeuses et marécageuses, où les céréales ne croîtraient qu'avec difficulté, et dans lesquelles les racines, ou se pourrraient avant leur maturité, ou seraient de mauvais goût.

D. Peut-on toujours faire de la terre à froment ?

R. Non ; mais il faut faire de manière à donner à son sol le plus possible des qualités ci-dessus.

Des amendemens et améliorations qui peuvent résulter du mélange du sous-sol avec le sol.

D. Qu'appelle-t-on amendement ?

R. C'est l'amélioration de la terre par l'addition d'une substance qui corrige les défauts du terrain que l'on veut améliorer, et qui lui donne un degré de fertilité qu'il n'a pas. Par exemple, mettre dans une terre légère une substance qui, sans lui ôter de ses autres qualités, la rendrait plus compacte, serait lui donner un amendement.

D. Quel est le premier élément d'une bonne culture ?

R. C'est de pouvoir faire des labours profonds.

D. Quels sont les avantages des labours profonds ?

R. C'est que, dans un labour profond, les racines et les plantes utiles peuvent se développer dans toute leur étendue, et que, par un labour profond, on peut enfouir davantage les plantes nuisibles, et les mettre à même, en se décomposant, d'augmenter dans la terre arable la dose d'humus qui en est la meilleure partie.

D. Quand la couche de terre arable n'est pas assez épaisse, par quels moyens un cultivateur peut-il l'augmenter ?

R. Soit en entamant le sous-sol, soit en rapportant des terres ; mais ces moyens ne sont pas toujours praticables, et le dernier est toujours dispendieux.

D. Quels sont, dans notre pays, les sous-sols que l'on peut entamer pour augmenter la couche arable ?

R. Ce sont, dans les sous-sols terreux : 1. le sous-sol argileux ou terre jaune ; 2. le sous-sol argilo-silicieux, ou terre blanche ; 3. le sous-sol argilo-sableux, ou terre d'un jaune pâle. Dans le sous-sol pierreux ou graveleux, il n'y a guère que le sous-sol schisteux qui puisse être entamé sans danger.

D. Y a-t-il toujours avantage d'entamer ces sous-sols pour augmenter la couche de terre arable ?

R. Non ; c'est un moyen dont le cultivateur ne doit user qu'après en avoir essayé et calculé le résultat.

2

D. Pourquoi ?

R. Parce que les sous-sols étant généralement improductifs dans leur état de nature, le premier résultat de leur mélange avec la terre arable sera de la rendre moins fertile. Il ne faut donc faire ce mélange que progressivement et lorsque l'on a à sa disposition une quantité suffisante d'engrais et d'amendement pour rendre à la terre mélangée le degré de fertilité que le mélange lui fait perdre.

D. Quand on entame le sous-sol, doit-on de suite le mélanger avec la terre ?

R. On peut le faire, sans doute; mais il vaut mieux, s'il s'agit d'entamer un sous-sol argileux ou un sous-sol argilo-siliceux, ramener d'abord la portion entamée à la surface de la terre pour l'exposer le plus longtemps possible aux influences du soleil et de l'atmosphère, et pour lui faire subir une décomposition première qui la rend plus meuble et, par conséquent, plus facile à mélanger avec l'ancienne couche arable.

D. Quel est le moins infertile de nos sous-sols ?

R. C'est celui de terre blanche (argilo-siliceux). D'ailleurs, il se décompose plus facilement aux influences du soleil et de l'atmosphère, et, étant très compacte, son mélange avec les terres légères que ce sous-sol soutient, les rend plus lourdes et par conséquent meilleures.

D. Si le sous-sol de terres blanches soutenait des terres lourdes, il y aurait donc du danger à l'entamer ?

R. Non, parce que, comme nous l'avons dit, il est moins infertile que les autres sous-sols, et qu'au moyen de quelques engrais, et surtout d'un amendement calcaire, la terre blanche a bientôt les mêmes qualités que la terre qui la couvrait avant d'être remuée.

D. Y a-t-il des circonstances où il soit nécessaire d'entamer les sous-sols imperméables, tels que les argilo-siliceux.

R. Oui, lorsqu'il s'agit de dessèchement et d'aplanir la surface des sous-sols pour faciliter l'écoulement des eaux nuisibles, comme on le verra au chapitre des dessèchements.

D. Quelles terres soutient ordinairement le sous-sol argilo-sableux ?

R. Des terres légères comme lui, et attendu que son mélange avec la terre arable ne peut pas rendre cette dernière plus compacte, il ne faut faire ce mélange que progressivement et lorsque l'on a à sa disposition de bonnes fumures et de bons amendemens qui rendent la terre plus franche.

D. Dans quelles circonstances doit-on entamer le sous-sol schisteux ?

R. Dans les mêmes circonstances que pour le sous-sol argileux et lorsque son mélange avec la terre arable donne à cette dernière une des qualités d'épaisseur et de ténacité qu'elle n'aurait pas sans le mélange avec le sous-sol ; on l'entame aussi pour faciliter l'écoulement des eaux nuisibles.

D. Y a-t-il danger d'entamer les sous-sols pierreux et graveleux ?

R. Oui, parce qu'ils ne peuvent pas être facilement décomposés par les engrais et par l'influence de l'atmosphère. Généralement ces sous-sols ne doivent pas être remués ; cependant on les entame quelquefois, surtout quand on cultive les bois, et alors on tâche de suppléer à leur infertilité par une plus grande quantité d'amendemens et d'engrais.

CHAPITRE QUATRE.

Des amendemens.

D. Quand un cultivateur a étudié la nature de sa terre, qu'il sait si elle est trop lourde ou trop légère et qu'il connaît les endroits où il peut utilement augmenter la couche arable par le mélange du sous-sol avec le sol, que doit-il étudier pour donner à sa terre les qualités qui lui manquent, la corriger des défauts qu'elle a, et l'entretenir dans un bon état de fertilité ?

R. Il doit étudier les amendemens et les engrais qu'il a à sa portée, et qu'il peut se procurer en plus grande quantité et à moins de frais possible.

D. Vous nous avez dit dans le chapitre précédent ce que c'était qu'un amendement, dites-nous à présent quels sont les amendemens que fournit la Bretagne ou qu'on peut s'y procurer ?

R. La science agricole en distingue deux sortes : les amendemens calcaires et les amendemens stimulans.

Section 1re.

Des amendemens calcaires.

D. Vous avez dit ce que c'était que le calcaire : quels sont les amendemens de cette nature que l'on peut employer dans nos terres bretonnes ?

R. Ce sont : la chaux, le plâtre et les débris de démolition. Dans la Haute-Bretagne, il existe une terre calcaire qu'on nomme marne, dont malheureusement on est privé en Basse-Bretagne.

Art. I. De la chaux.

D. L'emploi de la chaux comme amendement convient-il à toutes nos terres ?

R. Oui, mais plus particulièrement à nos terres froides que nous avons rendues ou que nous voulons rendre à la culture, et à celles où la fougère et la bruyère abondent.

D. Comment emploie-t-on la chaux comme amendement ?

R. De beaucoup de manières, dont les deux plus simples et qui conviennent à notre climat sont ;

1. De la répandre en poudre, par un temps sec, sur la terre qui a reçu un labour d'hiver, au moment où elle va recevoir un labour de printemps ;

2. De la répandre mélangée avec de la terre comme nous allons l'indiquer.

D. Combien faut-il de chaux en poudre pour amender un hectare de terre ?

R. Neuf hectolitres, et chauler tous les trois ans, l'expérience ayant prouvé qu'une plus grande quantité de chaux brûlerait au lieu de fertiliser.

D. Comment réduit-on la chaux en poudre ?

R. Soit en jetant un peu d'eau dessus pour l'éteindre, soit en la trempant dans l'eau pendant un instant après l'avoir mise dans une manne ou un panier. Cette opération n'est ni longue ni difficile, il faut cependant faire attention de ne pas réduire la chaux en pâte, cela perdrait le chaulage.

D. Comment fait-on le mélange de terre et de chaux en poudre dont nous avons parlé plus haut ?

R. Par un temps sec on fait dans le champ que l'on veut chauler, ou en dehors de ce champ, un lit du meilleur gazon, ou de bonne terre d'humus, de 0 m. 33 c. (un pied) d'épaisseur et d'une longueur double de sa largeur, sur lequel on répand de la chaux en poudre; sur cette chaux on place un second lit de gazon ou de terre de la même épaisseur, puis une seconde couche de chaux, ensuite une troisième couche de gazon ou de terre et une troisième couche de chaux, enfin une quatrième couche de gazon ou de terre pour recouvrir.

D. Combien de temps le mélange est-il à se faire?

R. Si on se sert de terre d'humus pour faire le mélange, quinze jours suffisent pour fuser la chaux; alors on le coupe, on le mélange, puis on le laisse reposer jusqu'à ce qu'on veuille s'en servir.

On agit de même si le mélange est composé de terre de gazon, mais il faut attendre au moins six semaines avant de l'entamer, sans quoi le mélange serait difficile.

D. Quand le mélange est fait, doit-on l'employer de suite?

R. On le peut sans inconvénient; mais plus il est vieux, meilleur il est.

D. Une fois le mélange fait, quelle est l'époque la plus favorable pour le répandre sur la terre?

R. Après la récolte, par un temps sec et sur un sol desséché, on répand le compost dont on vient de parler et on l'enterre par un labour peu profond, suivi d'un hersage, afin que lorsque l'on fait le labour de mars, qui doit être plus profond et dans les cultures successives, la chaux, qui a une tendance à s'enfouir, se trouve autant que possible dans la sphère de la nutrition des plantes.

Art. 2, Des débris de démolitions.

D. Pourquoi compte-t-on les débris de démolitions au nombre des amendemens calcaires?

R. Parce qu'ils contiennent ordinairement de la chaux.

D. Ne contiennent-ils pas autre chose?

R. Oui, des sels qui excitent la végétation et quelquefois du plâtre et des débris de plâtre.

D. Comment emploie-t-on les débris de démolitions?

R. Ceux qui contiennent seulement de la chaux et des sels conviennent à toutes nos terres, et principalement à celles qui n'ont pas été amendées précédemment avec de la chaux; on les emploie utilement, même en grande quantité, pour toutes les semences, ayant soin toutefois de les répandre sur la terre, et de les mélanger avec elle par un temps sec.

Ceux qui ne contiennent que des plâtres, conviennent principalement aux prairies artificielles et aux prairies naturelles: il ne faut les employer que secs et en poudre, sur un terrain très desséché.

Art. 3. De la marne.

D. Qu'est-ce que la marne ?

R. C'est une terre ordinairement bleuâtre, composée de carbonate de chaux et d'argile plus ou moins sabloneuse.

D. Où trouve-t-on la marne en Bretagne ?

R. Il n'y en a presque pas en Basse-Bretagne; dans la Haute on en trouve sous le sol dans des plateaux d'alluvion en couches plus ou moins épaisses. Elle est d'autant plus dure qu'elle contient plus de calcaire. Néanmoins il y en a une variété en poudre où le carbonate de chaux abonde.

D. Comment emploie-t-on la marne ?

R. En la mélangeant avec la terre comme les autres amendemens calcaires, on en la répandant réduite en poudre, ou en mottes brisées, sur les prairies naturelles et artificielles. Il y a autant de variation dans le dosage et l'emploi de la marne qu'il y a de climats, de sols et d'épaisseur de sol différens. En général, on ne doit employer la marne que dans des terrains desséchés.

D. Quels sont les désavantages des amendemens calcaires ?

R. Il ne faut les employer qu'en petite quantité et ne pas en faire abus en les renouvelant trop souvent dans les mêmes terres; car si momentanément ils activent la végétation, ils brûlent la terre, et si par des engrais d'animaux on ne le revivifie pas après le chaulage, le sol devient petit-à-petit infécond.

SECTION DEUX.

Des amendemens stimulans.

D. Qu'appelle-t-on amendement stimulant ?

gé R. C'est celui qui a le double avantage d'exciter à la végétation et de nourrir les plantes.

D. Quels sont les amendemens stimulans ?

R. Nous avons à notre portée, les cendres, les vases, les sables de mer et les sels marins. Nous pouvons nous procu-

rer sans de trop grands frais les plâtres : il en est d'autres
dont nous ne pouvons disposer.

Art I. Des cendres.

D. Quelles sont les cendres que l'on emploie en Bretagne
comme amendemens ?

R. Les cendres de bois, de débris de végétaux séchés, de
tourbe, de gœmon, et la cendre lessivée connue dans la
Basse-Bretagne sous le nom de charrée.

D. Quelles sont les propriétés des cendres comme amendement ?

R. Elles ameublissent les terres lourdes et donnent de la
ténacité aux terres légères;

2. Elles font végéter vigoureusement toutes les plantes,
donnent de la consistance à la paille et augmentent la
production du grain :

3. Elles conviennent aux cultures d'hiver comme aux cultures de printemps;

4. Elles produisent bon effet, soit qu'on les mêle avec la
semence, soit qu'on les répande après la germination ;

5. L'union de la cendre avec les fumiers et les autres
amendemens augmente l'action de la végétation première.

D. Comment et dans quelles circonstances emploie-t-on
les cendres comme amendement ?

R. La cendre demande à être répandue sèche par un
temps sec et sur un sol bien égoutté. Si on emploie cet
amendement lors de la semence, il faut le répandre immédiatement après avoir semé le grain, et recouvrir l'un et
l'autre par un hersage, ou par un labour léger. Si on l'emploie après la germination, ou dans les prairies, c'est au
printemps et par un temps sec qu'il faut la répandre.

D. L'effet des cendres dure-t-il longtemps en terre ?

R. Malheureusement cet excellent amendement ne dure
pas longtemps en terre ; on n'en ressent guère les effets
que pendant deux ans, mais on peut le renouveler souvent
sans inconvénient.

D. Peut-on mettre de la cendre avec excès sur la terre ?

R. Nous ne le pensons pas, d'ailleurs ce serait une prodi-
galité, parce que la cendre est un amendement cher.

Quelques auteurs prétendent qu'on peut mettre jusqu'à
trente hectolitres de cendre par hectare de terre arable et
cinquante par hectare de prairies.

D. Quel est l'usage de la charrée ?

R. Le même que celui de la cendre ; elle convient surtout

aux terres légères de l'intérieur de notre Bretagne pour la culture du sarrasin.

D. Laquelle doit-on préférer de la cendre vive ou de la cendre lessivée ?

R. Cela dépend de la nature du sol et de la culture que l'on veut faire. On assure que dans les terres légères et éloignées de la mer la charrée est préférable.

D. Les cendres de tourbe valent-elles les autres cendres?

R. L'expérience a prouvé que non : cependant elles amendent la terre étant employées de la même manière que les autres cendres.

D. Quelles sont les précautions à prendre lorsqu'on brûle de la tourbe pour en faire de la cendre à amendement ?

R. C'est de mélanger lors du brûlis des tourbes mouillées avec des sèches, l'expérience ayant prouvé que les cendres de tourbes sont meilleures étant brûlées lentement.

D. Comment et dans quelles circonstances emploie-t-on les cendres de goëmon comme amendement stimulants ?

R. Les cendres de varec s'emploient de la même manière que les cendres de bois, principalement dans les terres pour les cultures de printemps. C'est le meilleur amendement pour le lin.

Art. 2. Des amendemens de mer.

D. Quels sont les principaux amendements marins en usage dans la Bretagne ?

R. Trois. 1, un sable très fin, nommé vulgairement trèz; 2, un plus gros, nommé merl; 3, la vase.

D. Qu'est-ce que le trèz ?

R. C'est un sable silico-calcaire, ordinairement mêlé de débris de coquillages que l'on trouve dans presque toutes nos plages.

D. Le trèz est-il partout le même sur la côte de Bretagne?

R. Non ; le meilleur est celui qui contient le plus de calcaire ou de débris de coquillages.

D. Qu'est-ce que le merl ?

R. C'est un sable calcaire composé de coraux et de quelques débris de coquillage.

D. Où trouve-t-on le merl ?

R. Malheureusement on ne le rencontre que dans peu d'endroits de la côte de Bretagne, et presque toujours on est obligé de le pêcher à la drague.

D. Qu'est-ce que la vase ?

R. C'est la boue de la mer; elle est composée du mélange

des terres et des sables que les rivières charient ou que la
mer mine, et de détritus de végétaux, de varecs et d'animaux marins.

D. Y a-t-il un autre amendement de mer ?

R. Oui, le sel marin, mais on ne l'emploie pas, parce
qu'il est trop cher.

D. Quelles sont les propriétés du merl comme amendement ?

R. Ce précieux amendement, outre qu'il fait végéter
plus activement les plantes, a, comme la cendre, la propriété d'ameublir les terres lourdes, de plus il entretient
dans la terre, pendant les chaleurs, une humidité fertili-
sante.

D. Quelle quantité de merl faut-il pour amender un
hectare.

R. Le dosage varie, selon que l'on est plus ou moins éloi-
gné de la mer, depuis 20 jusqu'à 40 mètres cubes par hectare.

D. Quand et comment doit-on merler les terres ?

R. On doit merler les terres tous les six ans. La meilleure
manière d'employer le merl est de l'étendre sur la terre
aussitôt qu'il sort de la mer et avant le labour préparatoire
d'automne auquel doit succéder une culture sarclée, les
labours préparatoires et les sarclages ayant l'avantage de
bien mélanger le merl avec la terre arable.

D. Quelles sont les propriétés du trèz et quel est son
emploi ?

R. Le trèz a, à peu près, les mêmes propriétés que le
merl ; son emploi et son dosage sont, à peu près, les mêmes que ceux du merl ; il convient mieux aux terres lourdes qu'aux terres légères, parce qu'il contient des parties
siliceuses qui, ne se décomposant pas, continuent à tenir
la terre meuble, et, par ce motif, l'effet du trèz se fait sentir plus longtemps que celui du merl.

D. Quelles sont les meilleures vases ?

R. Ce sont les vases de la superficie.

D. Pourquoi ?

R. Parce que dans les vases du fond les détritus de varecs
et d'animaux marins sont consommés, et que ces vases
sont souvent imprégnées d'oxide de fer, de sorte que,
dans bien des localités, on ne peut les employer qu'après
les avoir laissées longtemps exposées à l'influence de l'atmosphère et les avoir remuées plusieurs fois.

D. A quelles terres conviennent les vases ?

2*

R. C'est surtout dans les terres légères et dans celles de défrichement de bois que l'emploi des vases de superficie comme amendement est d'un grand effet ; on peut en répandre jusqu'à la quantité de 200 mètres cubes par hectare.

D. Quand emploie-t-on les vases ?

R. On emploie les vases comme amendement avant toutes espèces de cultures, mais principalement avant la culture des céréales.

CHAPITRE CINQ.

Des engrais.

D. Qu'appelle-t-on engrais ?

R. Ce sont des substances qui, mélangées convenablement et à temps opportun avec de la terre arable, rendent cette dernière fertile.

D. Combien distingue-t-on de sortes d'engrais ?

R. Deux, les engrais proprement dits, et les engrais mixtes ou composts.

D. Quels sont les premiers ?

R. 1. Les engrais provenant de débris de végétaux : 2. les engrais provenant de déjections animales et des débris d'animaux morts ; 3. Les goëmons ou varecs.

D. Quels sont les engrais mixtes ?

R. Ils varient à l'infini, cependant ils forment trois classes distinctes, savoir :

1. Les boues des villes et des campagnes, vulgairement appelées dans notre pays *mannous* ; 2. les engrais provenant du mélange des végétaux et des déjections animales ; 3. les engrais provenant du mélange des amendemens de mer, soit avec des végétaux et de l'humus, soit avec des déjections animales, soit avec les trois ensemble.

Art. I. Des engrais provenant des débris de végétaux.

D. Combien y a-t-il d'engrais provenant des débris de végétaux ?

R. Ils sont de trois sortes : 1. les engrais produits par les feuilles, les fougères, les chaumes, les landes, les bruyères, les genêts, les balles, les racines, les mousses, et généralement par toutes les substances végétales molles et dessé-

chées ou mortes ; 2. les engrais provenant de plantes encore vertes ; 3. les marcs provenant des graines oléagineuses.

D. Quand emploie-t-on comme engrais les débris de végétaux ?

R. Quand, après avoir été longtemps amulonnés, ils sont
décomposés par la fermentation et réduits en terreau ;
mais cela ne fait jamais un engrais bien actif.

D. Ne peut-on pas faire de meilleurs engrais avec les débris de végétaux ?

R. Oui, en les mélangeant avec d'autres engrais ou avec
des amendemens marins.

D. Peut-on employer des végétaux verts comme engrais ?

R. Oui, surtout dans les terres légères et quand on ne
peut pas se procurer d'engrais marins ; par exemple, en
semant du blé noir (sarrasin) après une récolte de colza,
et en l'enfouissant en octobre pour semer du froment ou
de l'avoine d'hiver.

D. Qu'appelle-t-on marcs de graines oléagineuses ?

R. Ce sont les gâteaux ou tourteaux que forment ces graines lorsqu'on les presse pour en extraire l'huile et qui deviennent durs quand l'huile est extraite.

D. Comment emploie-t-on les marcs ?

R. On les emploie principalement pour les céréales, bien
qu'ils conviennent aussi pour engraisser les terres qui doivent produire des légumineuses et des racines.

La dose de cet engrais est de 1,000 kilogrammes par hectare. On le répand à la main quelques jours avant la semence, après l'avoir réduit en poudre, et on le recouvre
en même temps et de la même manière que la semence.

Art. 5. Des engrais provenant des dé-jections animales et des débris d'a-nimaux morts.

D. Qu'appelle-t-on fumiers de déjection animale ?

R. Ce sont ceux d'étables et d'écuries, qui sont composés
des litières mises sous les animaux, mêlées de leurs fientes
et de leurs urines.

D. Combien y a-t-il d'espèces de ces fumiers ?

R. Quatre : ceux de chevaux et d'ânes ; ceux de bœufs et
de vaches ; ceux de moutons et ceux de cochons.

D. Y a-t-il des engrais liquides ?

R. Oui, les vidanges, les urines des hommes et des animaux forment encore un engrais liquide de déjection fort utile à l'agriculture.

D. Quels sont les engrais provenant d'animaux morts?

R. Les fumiers de boucheries, composés de sang et de boyaux mêlés à des pailles et à des déjections d'animaux; 2. les chairs et les os des animaux que l'on envoie à la voirie; 3. le noir animal et animalisé.

D. Comment les fumiers se consomment-ils?

R. Par la fermentation. Il y en a (ceux de chevaux, d'ânes et de moutons) qui sont tellement chauds quand ils commencent à fermenter, qu'il y a quelquefois du danger à les employer ainsi.

§ 1er.

Du fumier de cheval et d'âne.

D. A quelles terres conviennent les fumiers de chevaux et d'ânes?

R. A toutes les terres, mais principalement aux terres lourdes.

D. Pourquoi?

R. Parce qu'étant plus chauds ils se dessèchent plus facilement, absorbent moins d'eau et par conséquent contribuent à ameublir la terre à laquelle on les mêle.

D. Combien faut-il de cet engrais pour bien fumer un hectare de terre?

R. Cinquante mètres cubes, faisant environ 50 charretées du pays Bas-Breton.

D. Doit-on étendre sur la terre le fumier de cheval longtemps avant de labourer?

R. Non, il doit être enfoui aussitôt pour éviter la perte résultant du dessèchement, à moins qu'il ne soit encore trop chaud et qu'il ne fallût semer en l'enterrant.

§ 2.

Du fumier de vache et de bœuf.

D. Quelle différence y a-t-il entre le fumier de bœuf et de vache et celui de cheval ou d'âne?

R. Le premier est beaucoup plus frais et plus humide que le second et conserve plus longtemps son humidité.

D. Est-il meilleur que celui de cheval et d'âne?

R. Cela dépend de l'emploi qu'on veut en faire; par

exemple étant plus humide et conservant son humidité, il convient mieux aux terres légères, et dans ces terres son effet se fait sentir plus longtemps que celui de cheval.

D. Combien faut-il de fumier de vache pour bien tremper un hectare ?

R. A peu près la même quantité de mètres cubes ou de charretées que si on trempait avec du fumier de cheval, ayant soin cependant de l'enfouir aussitôt qu'il est répandu sur la terre, car la sécheresse lui fait perdre de son volume et de ses qualités.

D. Peut-on employer les fumiers de bœufs et de vaches en sortant de l'étable ?

R. L'expérience a prouvé qu'alors ils sont plus actifs, mais quand ils sont consommés ils valent mieux pour la culture de l'orge, du choux, du colza et du lin.

§ 3.

Du fumier de mouton.

D. Qu'est-ce que le fumier de mouton ?

R. C'est un fumier chaud, très actif, mais très sec et qui, comme le fumier de cheval et d'âne, convient mieux aux terres lourdes qu'aux terres légères.

D. Doit-on employer seul le fumier de mouton ?

R. On le peut, sans doute ; mais comme son mélange avec le fumier de vaches et de bœufs ajoute aux qualités des deux engrais, il faut, autant que possible, n'employer le fumier de mouton que mêlé à celui de vache.

§ 4.

Du fumier de cochon.

D. Qu'est-ce que le fumier de cochon ?

R. C'est le moins bon de tous les fumiers de crèches : on ne l'emploie généralement que mêlé aux fumiers de vaches ou de chevaux.

§ 5.

Des vidanges et des urines des hommes et des animaux.

D. Doit-on utiliser, en agriculture, les vidanges de la trines et les urines des hommes et des animaux ?

2**

R. Les vidanges et les urines sont les engrais de déjections les plus actifs, aussi doit-on les rechercher et les conserver précieusement pour les employer à fertiliser la terre.

D. Doit-on employer les vidanges comme engrais aussitôt qu'elles sortent des latrines ?

R. Quelques cultivateurs le font, et ils ont souvent occasion de s'en repentir : le contact de l'odeur des vidanges avec la surface des végétaux, qui est poreuse, pénètre les plantes de cette odeur infecte, et leur donne souvent un mauvais goût.

D. Quelle est la meilleure manière d'employer les vidanges ?

R. En les mélangeant avec de la terre, des feuilles ou des pailles. Ce mélange ayant fermenté pendant plusieurs mois, on le remue, et le terreau qui en résulte est un engrais qui convient à toutes les terres et à toutes les cultures.

D. Qu'appelle-t-on purin ?

R. Ce sont les eaux noires qui coulent des écuries, des étables, des crèches et des mulons de fumier, et qui proviennent des urines des animaux mélangées avec le fumier.

D. Quelles sont les propriétés du purin ?

R. Le purin est un excellent engrais, aussi faut-il le conserver précieusement en faisant, près des écuries et des mulons de fumier, des fosses pour le recevoir.

D. Comment emploie-t-on le purin ?

R. Il faut le mélanger d'eau, s'il est trop noir et trop pur, et s'en servir pour arroser les prairies naturelles et artificielles et pour activer, au printemps, la végétation de toutes les plantes et des jeunes arbres.

D. Quelle est la quantité d'eau qu'il faut ajouter au bon purin pour l'employer en arrosement ?

R. Il faut ajouter au purin au moins quatre fois son volume d'eau.

D. Les urines d'hommes peuvent-elles aussi être employées comme purin ?

R. Oui, mais il vaut mieux les conserver pour les répandre sur les fumiers médiocres, et sur les composts, auxquels elles donnent beaucoup d'activité.

§ 6.

Des fumiers de boucheries.

D. Les cultivateurs doivent-ils rechercher les fumiers de boucheries ?

R. Oui, parce que c'est un des meilleurs engrais, et que, bien qu'il soit plus cher que les autres fumiers, il en faut bien moins pour bien tremper un hectare de terre.

D. A quelles terres conviennent les fumiers de boucheries ?

R. A toutes les terres, mais surtout aux terres légères et aux terres de défrichement, parce que, par sa ténacité, il a la propriété de donner de la consistance au sol et de lui conserver une humidité fructifiante.

D. Combien faut-il de fumier de boucheries pour bien tremper un hectare ?

R. De trente à quarante mètres cubes, selon qu'il est plus ou moins gras.

§ 7.

Des fumiers de voirie.

D. Comment utilise-t-on les animaux morts, et qu'on envoie ordinairement à la voirie ?

R. Les animaux morts font toujours d'excellents engrais, soit qu'on les fasse cuire, soit qu'on les laisse se décomposer par la putréfaction. Dans le premier cas, on les coupe par morceaux très petits et on les répand sur la terre au moment des labours préparatoires d'automne ; dans le second cas, on les mélange autant que possible avec sept ou huit fois leur poids de terre, on laisse au mélange le temps de se réduire en terreau que l'on étend sur la terre pour l'enfouir immédiatement lors de la culture des racines.

D. Les animaux morts ne peuvent-ils pas être employés à un autre usage ?

R. Ils sont parfaits pour donner de l'activité aux plants de pommiers à cidre, en les enterrant de suite à une profondeur suffisante pour les mettre en contact avec les racines de ces arbres.

D. A quoi servent les os des animaux morts ?

R. Quand on veut s'en servir en entier ou concassés, ils

conviennent pour améliorer les prairies arrosées, en les
plantant à une profondeur de dix centimètres. Un os de
moyenne grosseur suffit pour fructifier 33 centimètres
carrés de prairies, et même on prétend qu'il fait périr
les plants de jonc.

D. Quel est l'emploi des os pulvérisés ?

R. Ce serait un bon engrais pour toutes les terres, mais
jusqu'ici ceux qui en ont fait l'emploi l'ont trouvé trop
coûteux. Les os pulvérisés se répandent sur la terre comme
la cendre ou comme la chaux en poudre : le meilleur moment de s'en servir est l'époque des semences du printemps.

§ 8.

Du noir animal et du noir animalisé.

D. Qu'est-ce que le noir animal ?

R. C'est le résidu des raffineries de sucre. Il est composé
de sang desséché, de charbon, de sucre altéré, et en général des élémens qui servent à la clarification du sucre.

D. Qu'est-ce que le noir animalisé ?

R. C'est une composition nouvelle faite, soit avec les
mêmes élémens que le noir animal, soit avec des détritus
de voiries, des urines, des os et de la terre calcinés.

D. Quels sont les avantages de ces deux engrais ?

R. C'est d'être très actifs et de pouvoir produire un grand
effet sous un petit volume, de sorte qu'on peut les trans-
porter là où il serait trop dispendieux d'envoyer des
amendemens et des engrais marins.

D. Quelles sont les propriétés du noir animal et du noir
animalisé ?

R. Les propriétés du noir animal et du noir animalisé
sont : 1. de se mettre de suite en contact avec les graines
ensemencées et de fournir, graduellement et sans s'épuiser sensiblement, à l'alimentation des plantes ; 2. la décomposition de cet engrais étant lente et progressive, il se
fait sentir dans toutes les phases de l'accroissement, de la
floraison et de la maturité des céréales, et n'est même pas
épuisé après la récolte ; 3. loin de changer la saveur des
comestibles, il provoque le développement des principes
aromatiques qui les rendent meilleurs ; 4. il ranime la végétation des prairies naturelles et artificielles et donne
plus de saveur aux produits.

D. Quel est le dosage indiqué par la pratique pour tremper nos terres bretonnes avec du noir animal, ou du noir animalisé ?

R. 1. Pour améliorer et vivifier les prés naturels et artificiels avec du noir, il faut au printemps et autant que possible par un temps sec, répandre à la volée de douze à quinze hectolitres de cet engrais par hectare; 2. quinze hectolitres suffisent pour la fumure d'un hectare de terre arable.

D. A quelle époque et comment emploie-t-on le noir animal dans les terres arables ?

R. Après l'avoir pulvérisé et étendu avec de la terre meuble, on le sème sur le champ après les graines et on le recouvre en même temps que cette dernière, soit par un léger labour, soit par un hersage ou un palaraire.

Si on emploie le noir pour fructifier les racines, les choux, les pommes de terre, ou le colza, on le dépose par petite poignée sur les racines des plantes au moment du repiquage, ou sur chaque tubercule lorsqu'on l'enfouit en terre. Enfin, en mettant un ou deux litres de noir animalisé par chaque arbre replanté, et en le mélangeant à la terre qui recouvre les racines lors de la plantation, on assure la reprise du plant et on en active la végétation.

D. A quelle terre convient l'emploi du noir comme engrais ?

R. A toutes les terres sans distinction : on ne le met jamais en assez grande quantité pour juger de l'effet qu'il produit soit pour affermir soit pour ameublir la terre.

D. Quels sont, quant à présent, les inconvénients du noir comme engrais ?

R. C'est que difficilement on peut s'en procurer de pur, la fraude s'étant de suite emparée de cette branche d'industrie et l'ayant falsifié.

D. Comment peut-on s'assurer que le noir est ou n'est pas falsifié?

R. Il suffit de répandre une pincée soit de noir animal, soit de noir animalisé, sur une pelle à feu, de le chauffer au rouge pendant quelques minutes et de le laisser refroidir; si l'engrais est pur, la cendre restée sur la pelle sera une poudre fine d'une couleur grisâtre uniforme; s'il est falsifié, la cendre sera graveleuse, contenant des parties rougeâtres, couleur de rouille.

2***

Art. 3. Des engrais marins : des varecs ou goëmons.

D. Qu'appelle-t-on varecs ou goëmons ?

R. Ce sont des plantes marines de différentes espèces qui croissent sur les rochers du fond de la mer et de la pl ge.

D. Combien distingue-t-on de sortes de goëmons ?

R. Deux : ceux que l'on coupe ou que l'on arrache à des époques fixées par des ordonnances et des usages locaux, et ceux qui viennent à la côte par l'effet des courants, des marées et des vents, et que l'on appelle goëmons d'épaves; les premiers sont les plus recherchés et les meilleurs comme engrais.

D. Comment emploie-t-on les goëmons ?

R. On les emploie en vert et en sec, mais il n'y a pas de principes fixes à cet égard ; cela dépend des époques de la coupe, et des besoins de la culture que l'on fait.

D. Y a-t-il avantage à répandre le goëmon sur la terre aussitôt qu'il sort de la mer, et à le laisser séjourner sur le sol pendant quelque temps ?

R. Pour semer l'orge, on peut l'enfouir vert au moment de la semence. Dans quelques cantons de la Bretagne, on l'étend longtemps à l'avance pour préparer des terres à lin ; le fait est que son séjour sur la terre facilite la décomposition du gazon lorsqu'on l'enterre avec lui et détruit les animaux nuisibles.

D. Quand et comment emploie-t-on le goëmon sec ?

R. Après l'avoir fait sécher sur la grève, on l'amoncelle et on le laisse fermenter, ensuite on l'emploie pour tremper la terre l'année où on y sème du froment ou toute autre céréale.

D. Quel est le dosage de goëmon pour fumer un hectare ?

R. Le dosage du goëmon pour fumer un hectare, soit qu'on l'emploie sec, soit qu'on l'emploie vert, varie selon la nature du sol. Les goëmons verts ne font sentir leur influence comme engrais que pendant une année ; les goëmons secs laissent une petite suite, aussi ne met-on des uns et des autres pour fertiliser la terre que quand on peut s'en procurer à bon marché. On peut mettre jusqu'à soixante mètres cubes de goëmons secs par hectare de terre franche, et aller jusqu'à quatre-vingts pour les terres légères. Quant aux goëmons verts, il faut en user avec ménagement.

D. Pourquoi ?

R. Parce qu'ils sont imprégnés d'une grande quantité de sel marin et que la surabondance de cet excitant brûle au lieu de fertiliser.

Art. 4. Des composts ou engrais mixtes.

D. Qu'appelle-t-on compost ou engrais mixte ?

R. C'est le mélange des terres, de l'humus, et des élémens organiques qui composent les engrais.

§ 1er.

Du compost appelé en Basse-Bretagne mannou.

D. Qu'est-ce que le mannou ?

R. Ce sont les boues des villes et des campagnes, et, en général, tous les engrais boueux et terreux.

D. Où doit-on employer le mannou ?

R. Principalement dans les terres légères, surtout s'il n'est pas desséché. Quand on emploie le mannou dans les terres lourdes, il faut, au contraire, le faire sécher, et, dans l'un et l'autre cas, le bien mélanger avec le sol par des labours préparatoires.

D. Combien faut-il de mannou pour fumer un hectare ?

R. Cela dépend de sa qualité : quelquefois le mannou n'est qu'un simple amendement, et alors on peut le mettre en grande masse dans les terres légères, auxquelles il donne de la consistance, mais jamais avant la culture des pommes de terre, dont il altère le goût.

D. Quels sont les inconvéniens de l'emploi des boues comme engrais.

R. C'est que ces boues contiennent ordinairement des graines de plantes nuisibles ; aussi les bons cultivateurs n'emploient-ils leurs mannous qu'après les avoir fait fermenter en les mélangeant avec des fumiers d'écuries.

§ 2.

Des composts composés de végétaux, de déjections animales et de vidanges.

D. Qu'appelle-t-on, en Bretagne, mannou de gonziaden ?

R. C'est le compost que tous nos cultivateurs font dans les terres qui avoisinent les fermes et les étables, surtout

3

dans celles qui reçoivent les égoûts des écuries et des mulons de fumiers. On y étend de mauvaises pailles, des feuilles, des pampres de pomme de terre, des landes, des genêts, des bruyères et des nettoyages de fossés ; ces végétaux, en se décomposant, font un fumier de seconde qualité, qui devient plus ou moins actif selon qu'il est plus ou moins mélangé à du fumier de vaches et de chevaux.

D. A quelles terres conviennent les fumiers de gouziaden ?

R. Aux terres légères, s'ils sont bien consommés, et aux terres lourdes, s'ils le sont moins ; mais en général, ces engrais ne doivent être employés que consommés, ayant l'inconvénient, quand ils ne le sont pas, de salir la terre en y introduisant des racines et des graines de plantes nuisibles qui poussent activement.

D. Peut-on utiliser comme engrais les sarclages et les racines de chien-dent ?

R. Oui, un de nos compatriotes, M. Le Poix, de Quimperlé, a composé avec ces sarclages un compost dont on obtient un grand résultat.

D. Comment se fait le compost Le Poix ?

R. Sur une longueur double de sa largeur, on fait une couche de fumier chaud de cheval, 0m 53c d'épaisseur, sur laquelle on met une couche de sarclage de 40 centimètres aussi d'épaisseur ; on met dessus une seconde couche de fumier et une seconde couche de sarclage de la même épaisseur que les premières, enfin une troisième couche de fumier et de sarclage, et on recouvre le tout avec du fumier chaud ou froid : on laisse le compost fermenter pendant 3 ou 4 mois, ensuite on le coupe, on le mélange, et on l'emploie comme fumier consommé.

D. Le compost Le Poix convient-il à toutes les terres et quel en est le dosage pour fumer un hectare ?

R. Le compost Le Poix convient à toutes les terres, et avec 60, ou au plus 70 mètres cubes de cet engrais, on trempera un hectare de terre arable de manière à ce qu'il en ressente l'influence pendant trois ans.

D. Est-il préférable de faire des engrais avec les sarclages, que de les brûler comme on le fait ordinairement ?

R. Certainement, du compost fait avec ces végétaux, soit d'après la méthode Le Poix, soit d'après tout autre procédé qui les décomposerait entièrement, donnerait une plus grande masse d'engrais.

D. Comment fait-on le compost de v danges ?

R. Les composts où il entre des vidanges sont les meilleurs quand ils sont bien faits; par exemple, en mêlant 1⏐6 de vidanges, 3⏐6 de sarclages et 2⏐6 de terre argileuse ou d'humus et laissant réduire ce compost jusqu'à ce q l'il forme un terreau, on obtient un engrais très actif. Lorsqu'on n'a point de sarclages, on les remplace dans le mélange par des pailles, des feuilles, des fougères, des landes, des genêts, et même des bruyères.

D. A quelles terres conviennent les composts des vidanges?

R. A toutes les terres, mais surtout aux terres légères, si le compost est fait avec de la terre argileuse.

D. N'y a-il pas d'autre compost dont on recommande l'usage?

R. Oui, l'engrais Jauffret et en général tous les composts auxquels on donne des vertus ertilisantes en répandant dessus des urines et du purin.

§. 2.

Des Composts où il entre des amendemens de mer.

D. Quel effet produisent les amendemens et engrais marins dans la composition des engrais mixtes?

R. Le mélange du merl, du trèz, de la vase et même du goëmon avec des mannous, des sarclages, donne plus d'activité au compost.

D. Quelle est la règle générale pour faire de bons composts avec des engrais de mer?

R. C'est de les composer à l'avance pour l'emploi qu'on en veut faire: par exemple, si le compost est destiné à tremper une terre lourde, il faut choisir pour sa composition des substances qui ameublissent; si, au contraire, il doit être employé dans une terre légère, il faut, autant que possible, mettre dans le compost des élémens tenaces; mais, en général, il faut utiliser dans une ferme tout ce qui peut faire engrais.

Des Engrais et Amendemens qu'on peut se procurer en Bretagne par la voie du commerce.

D. Vous nous avez parlé des amendemens et des engrais que l'on peut se procurer en Bretagne sans trop de frais;

n'en existe-t-il pas d'autres que déjà le commerce a essayé de répandre et qu'il serait utile d'étudier?

R. Oui, on peut se procurer en Bretagne, par la voie du commerce, un engrais nommé guano, et le plâtre, que nous avons cité comme amendement calcaire et ensuite comme amendement stimulant, parce que de savans agronomes l'ont placé dans ces deux genres.

§ 1er.

Du guano.

D. Qu'est-ce que le guano?

R. C'est un terreau jaune-rougeâtre, pulvérulent, que l'on trouve sur certains points de l'Afrique et de l'Amérique, et que l'on prétend venir de déjections d'oiseaux de mer, de la décomposition des corps de ces mêmes oiseaux, ainsi que de ceux de différens animaux marins.

D. Le guano convient-il à toutes nos terres?

R. D'après quelques expériences faites, il paraît que le guano est le plus énergique de tous nos engrais; sous ce rapport il convient donc à toutes nos terres, qui sont naturellement froides et ont besoin d'être fortement stimulées par les fumures.

D. Quelle est la quantité de guano qu'il convient d'employer par hectare?

R. Cela dépend de la nature des terres: dans celles argileuses et humides il en faut de 250 à 300 kilogrammes par hectare; dans les terres légères de 150 à 200.

D. Comment emploie-t-on le guano?

R. Tantôt on le sème au mois de mars sur toutes les plantes germées et sur les prairies; tantôt on le sème avec les graines et on l'enterre avec elles au moyen du même hersage; tantôt enfin on le répand par pincées lors du repiquage des plantes fourragères et de la plantation des tubercules, de manière à le mettre en contact avec les racines venues ou à venir.

D. Puisque le guano est un engrais si actif, n'y a-t-il pas danger d'en faire abus?

R. Nous le pensons, car il est de principe que tous les grands stimulants brûlent; aussi pour que le guano soit répandu uniformément et en petite quantité sur la terre, ceux qui l'emploient comme engrais le mêlent avec trois fois son volume de terre bien pulvérisée et ne le répandent qu'ainsi. Le guano mêlé avec du terreau ou des matières susceptibles de fermenter perd de ses qualités fertilisantes.

§ 2.

Du plâtre.

D. Qu'est-ce que le plâtre.

R. C'est une pierre blanche que l'on appelle aussi *gypse* ou *sulfate de chaux*, et que l'on emploie comme amendement, soit pur, soit cuit, mais toujours réduit en poudre.

D. Comment cuit-on le plâtre ?

R. Il suffit de faire un trou à l'abri d'un mur ou d'un fossé, de placer dessus deux barres de fer sur lesquelles on met les pierres de plâtre, et de faire du feu dessous et dessus. Quand le plâtre est cuit, il se pulvérise facilement avec un maillet ou une demoiselle.

D. A quelles terres conviennent les amendemens de plâtre ?

R. A toutes les terres desséchées, mais principalement aux terres de prés et à celles qu'on veut cultiver en plantes légumineuses.

D. Comment emploie-t-on le plâtre dans les prairies naturelles et artificielles ?

R. C'est au printemps que l'on amende avec le plâtre ; on le sème par un temps sec, sur les trèfles nouvellement coupés, les prairies bien desséchées, et les orges qui poussent en même temps que les trèfles ; la rosée a bientôt mis le plâtre en fusion et en contact avec les plantes qu'il doit fructifier.

D. Combien faut-il de plâtre pour amender un hectare ?

R. Un mont de plâtre cuit et pulvérisé suffit.

D. Peut-on plâtrer souvent les mêmes terres ?

R. Non, il ne faut user de cet amendement qu'avec la plus grande circonspection, et une fois tous les neuf ans au plus, l'expérience ayant prouvé que la fécondité que le plâtre produit ne se soutient pas et que l'abus du plâtrage brûle la terre.

CHAPITRE SIX.

Des Instrumens aratoires.

D. Quel est le premier et le plus utile de tous les instrumens d'agriculture ?

R. C'est l'instrument du labour, la charrue.

Art. 1. De la charrue.

D. Quelles sont les charrues en usage en Bretagne ?

R. Autrefois nous n'en connaissions qu'une, la charrue à avant-train: aujourd'hui la science agricole en a introduit une autre sans avant train nommée araire et qui est infiniment meilleure.

D. Quelles sont les parties d'une charrue ?

R. Dans l'araire ces parties sont le soc, le coutre ou couteau, le sep, le versoir, l'âge, le régulateur et le manche. La charrue du pays a toutes ces pièces et, de plus, un petit avant-train à deux roues.

D. Pourquoi l'araire est-elle préférable à la charrue du pays ?

R. Parce qu'elle fait un meilleur labour.

D. Que faut-il pour qu'un labour à la charrue soit bon ?

R. 1. Il faut que la surface du sol soit enterrée suffisamment et le plus également possible ; 2. il faut que la terre soit divisée et ameublie le plus possible ; 3. il faut qu'en faisant ces deux travaux la charrue fasse le moins d'effort possible.

D. A quoi doit s'attacher un cultivateur quand il choisit une charrue ?

R. A bien étudier toutes les parties de sa charrue, afin de s'assurer que dans son sol, chacune de ses parties contribue à faire un bon labour.

§ 1er.

Du soc.

D. Qu'est-ce que le soc ?

R. Le soc est la partie la plus essentielle de la charrue ; c'est celle qui, avec le couteau, commence le travail en détachant la bande de terre et en la soulevant pour qu'elle reçoive l'action du versoir.

D. Comment est fait le soc de l'araire ?

R. Le soc de l'araire est de forme triangulaire et se compose de deux parties distinctes : l'afle, qui se termine en pointe et qui tranche la terre, et la souche, qui unit cette partie au sep et au versoir : le soc doit être fait du meilleur fer et chaussé d'une lame d'acier ; il est fixé au sep par des vis, de manière à l'enlever facilement pour le réparer en cas de rupture, ou le surcharger quand il vient à s'user.

§ 2.

Du coutre ou couteau.

D. Qu'est-ce que le coutre ?

R. Le coutre est réellement une espèce de couteau en fer qui, tranchant la terre verticalement, en même temps que le soc, dans la région supérieure, facilite l'action de ce dernier et sert à séparer la bande de terre que le versoir doit ensuite culbuter.

Comme un bon labour doit être fait en bandes égales, le cultivateur qui dirige la charrue doit principalement surveiller l'action de son coutre.

D. Les formes des couteaux varient-elles ?

R. Oui ; mais dans l'araire et la charrue bretonne, ils sont droits et ce sont les meilleurs, les couteaux recourbés ayant le défaut de donner à la charrue une tendance à entrer en terre lorsqu'ils éprouvent de la résistance.

D. Où doit être placé le couteau dans l'araire ?

R. En principe, les couteaux doivent être fixés contre l'âge de manière à pouvoir se baisser et se hausser à volonté, être alignés dans le sens de la pointe du soc et légèrement inclinés sur l'avant.

D. Que faut-il pour qu'un couteau soit bon ?

R. Il faut qu'il soit fortement acéré, non seulement parce que, comme le soc, il a dans le labour une action constante, mais encore parce que, dans bien des cas, il est destiné à couper de nombreuses et fortes racines.

§ 3.

Du sep.

D. Qu'appelle-t-on sep dans l'araire ?

R. Le sep est la partie de la charrue qui reçoit le soc, et sur laquelle s'appuient et se fixent le versoir et l'âge : il est en bois dans nos charrues du pays et en fonte dans les charrues perfectionnées : le sep glissant au fond du sillon dans l'action du labour ne doit pas être trop large, pour éviter le frottement ; il doit être assez long pour aider à la régularité de la marche de la charrue, mais il ne faut pas que cette longueur soit telle qu'elle occasionne un frottement préjudiciable à l'action de l'instrument. Dans l'araire le sep s'unit à l'âge par deux montans en fonte.

D. Dans l'araire le sep n'est-il pas composé de deux pièces ?

R. L'arrière du sep, que l'on appelle talon, étant la partie sur laquelle se fait le principal mouvement du laboureur, lorsque celui-ci veut élever son soc pour éviter un obstacle, et étant susceptible de s'user ou de se détériorer, on a, dans l'araire, divisé la base du sep en deux pièces, dont celle de l'arrière, appelée talon, peut se changer à volonté au moyen de vis.

§ 4.

Du versoir.

D. Qu'est-ce que le versoir ?

R. C'est une partie de la charrue présentant une surface polie, diversement contournée, qui sert à déplacer et à retourner la motte de terre lorsqu'elle a été soulevée et taillée par le soc et le couteau. Le versoir est en bois dans la charrue du pays et en fonte dans l'araire. Le versoir est attaché au côté droit du sep et prend naissance au soc.

D. Quelle est la meilleure forme du versoir ?

R. Cela dépend de la profondeur et de la tenacité des terres que l'on a à cultiver ; en général il faut qu'il ne soit ni trop long, à cause du frottement, ni trop recourbé pour que la motte puisse se briser en se déversant dans l'action de la charrue.

§ 5.

De l'âge.

D. Qu'est-ce que l'âge ?

R. L'âge est une pièce de bois longue sur laquelle sont adaptés le corps, le manche et le régulateur de la charrue : il est destiné à imprimer le mouvement à la machine à l'aide des animaux de trait attachés directement ou au moyen d'un avant-train, et, avec le manche et le régulateur, à lui donner une direction convenable.

D. Comment doit-on placer l'âge dans la charrue ?

R. Que le labour soit profond, ou qu'il soit léger, il faut que l'âge de la charrue marche parallèlement à la surface du sol. C'est pour cela que dans l'araire il est placé parallèlement au sep. Si l'avant de l'âge était trop relevé, le soc tendrait à sortir de terre, et dans le cas contraire il s'y enfoncerait trop profondément. Le principal talent d'un laboureur étant de faire une culture également profonde, on voit de suite l'avantage de l'araire sur la charrue du pays, dont l'âge et le sep ne sont pas parallèles.

D. Peut-on donner une forme courbe à l'âge ?

R. Oui, pourvu que la partie de l'âge jusqu'à la courbe soit placée parallèlement au sep. Dans les terres lourdes, et dans celles où l'on est obligé de faire un labour profond, l'âge recourbé est préférable.

§ 6.

Du régulateur.

D. Qu'est-ce que le régulateur ?

R. C'est une pièce ou un système de pièce au moyen duquel on peut faire un labour plus ou moins profond et à raie plus ou moins large.

D. De quoi se compose le régulateur dans l'araire ?

R. Le régulateur est placé à l'extrémité antérieure de l'âge. Il est en fer et se compose de deux parties : la tige et la crémaillère.

La tige est plate et traverse une mortaise creusée dans le milieu de l'âge, dans laquelle mortaise on le fixe plus ou moins haut au moyen d'un boulon transversal qui entre dans des trous pratiqués dans la tige; c'est en élevant ou en abaissant cette tige que l'on peut donner plus ou moins d'entrure au soc.

La crémaillère est une branche horizontale faisant équerre avec la tige et que l'on peut placer à droite ou à gauche. Elle est garnie de plusieurs dents, dans une desquelles elle reçoit le dernier anneau de la chaîne à laquelle est attachée la balance des traits. C'est en éloignant ou en rapprochant cet anneau de la tige, qu'il est facile de faire prendre à la charrue plus ou moins de largeur de raie.

3*

§ 7.

Du manche.

D. Qu'est-ce que le manche ?

R. Dans la charrue du pays, comme dans l'araire, le manche se compose de deux mancherons fixés à l'arrière de l'âge : l'un, celui de gauche, s'élève obliquement dans la ligne de l'âge ; l'autre, celui de droite, s'en écarte plus ou moins de ce côté.

D. Quel est l'emploi du manche ?

R. C'est du bon emploi du manche que dépend en grande partie l'égalité du travail de la charrue : lorsqu'on veut faire entrer le soc, on le soulève ; si au contraire, on veut le faire sortir, on pèse fortement sur le manche, en appuyant sur le talon du sep.

§ 8.

De l'avant-train.

D. Qu'est-ce que l'avant-train ?

R. C'est un petit charetis de deux roues qui supporte l'âge dans la charrue du pays ; les chevaux ou les bœufs sont attachés directement à l'avant-train.

D. Comment appelle-t-on l'effort que font les chevaux ou les bœufs pour mettre une charrue en mouvement ?

R. On appelle cet effort force de traction.

D. Peut-on avec la même quantité de chevaux faire un labour aussi profond avec l'araire qu'avec la charrue du pays ?

R. Dans le même labour, il faut un tiers moins de force pour le faire avec l'araire, ainsi, sous ce rapport, l'araire est encore préférable à la charrue du pays.

D. Y a-t-il des circonstances où un avant-train peut faciliter le travail de la charrue ?

R. Dans notre sol, un cultivateur exercé peut travailler partout avec l'araire ; cependant lorsque le labour se fait dans des terres légères et dans des pentes, l'avant-train peut faciliter certains travaux, aussi les partisans de la routine ont-ils profité de ces circonstances pour combattre les avantages de l'araire.

Observations générales sur la charrue.

D. Quelles sont, en général, les formes les plus convenables à donner aux pièces de la charrue ?

R. Thaer et Mathieu de Dombasle, nos maîtres en agriculture, ont comparé l'action de la charrue à celle d'un coin ou de plusieurs coins, et ils sont partis de là pour démontrer quelles étaient les formes les plus convenables à donner aux pièces qui composent une charrue. D'après ces maîtres, pour qu'une charrue soit bonne dans toutes ses parties, il faut :

1. Que la résistance et la force de traction soit la moindre possible ; 2. que la ligne de résistance partant du soc passe par le milieu de l'âge ; 3. que la surface du versoir soit courbe et dirigée de manière qu'elle puisse amener insensiblement et avec le moins de résistance possible la bande de terre de l'endroit où elle est soulevée par le soc à l'extrémité supérieure du versoir, qui doit achever de la culbuter en la brisant ; 4. enfin, que la puissance motrice pour produire le plus grand effet possible, soit appliquée dans la direction de l'âge, et le plus près possible du corps de la charrue.

NOTA. L'araire a été construite d'après ces principes et a à peu près les qualités désirables dans une bonne charrue.

D. Y a-t-il d'autres charrues perfectionnées que l'araire simple dont vous nous avez fait le détail et expliqué les avantages ?

R. Il y en a une grande quantité de simples et de composées, que nous avons bien l'intention d'étudier et dont nous ferons l'essai quand nous en trouverons l'occasion ; et si, par la pratique, nous les trouvons préférables à l'araire pour les travaux que nous avons à faire, si elles sont solides et que nous puissions les réparer avec nos ressources, nous nous en procurerons.

D. Citez-nous les noms des charrues simples à un seul soc que la science agricole recommande ?

R. 1. La charrue écossaise de Small ; 2. la charrue anglaise ; 3. la charrue squelette ; 4. l'araire américaine ; 5. l'araire à roue ; 6. l'araire à sabot ; 7. la charrue de Brabant, à maillet ; 8. la charrue à roue, de Molard ; 9. l'araire écossaise à défoncer ; 10 l'araire Rozé.

Dans les charrues à un seul soc et à avant-train :

1. La charrue Coquin, de Garlan, près Morlaix ; 2. la charrue chatelaine ; 3. la charrue Guillaume ; 4. la charrue de Brie ; 5. la charrue champenoise, à roue ; 6. la charrue de Roville ; 7. la charrue Pluchet ; 8. la charrue Grangé à levier.

D. Citez-nous quelques charrues composées?

R. 1. En première ligne et hors ligne, la charrue à double versoir mobile, qui sert en Bretagne à différens labours et principalement pour le buttage des pommes de terre; 2. la charrue à double soc, de notre compatriote Belléguie; 3. la charrue Plaideu; 4. la charrue Derval, de Baronville; 5. la charrue composée, de Guillaume; 6. le binoc de lord Sommerville.

D. Faites-nous la description de la charrue à double versoir.

R. Cette charrue n'est autre chose qu'une araire légère, dont le soc à fer de lance sert d'appui à deux versoirs en bois placés des deux côtés du sep, et qui peuvent s'écarter et se resserrer à volonté, selon que l'on veut faire une fosse plus ou moins large.

Art. 2. De l'extirpateur.

D. Vous nous avez dit qu'au moyen d'un bon labour profond à l'araire, on pouvait enterrer la motte; mais il arrive quelquefois que ce travail est insuffisant, que pour bien nettoyer, soit avant soit après le labour avec l'araire, il serait à propos d'extraire les racines des plantes nuisibles: la science agricole n'a-t-elle pas inventé un instrument propre à faciliter et à activer ce travail?

R. Oui, la science a inventé l'extirpateur, que notre compatriote M. Félix a perfectionné, et qui commence à se répandre chez nos cultivateurs intelligents.

D. Qu'est-ce que l'extirpateur Félix?

R. L'extirpateur Félix a une seule roue, est beaucoup plus simple que celui de Roville; ce n'est autre chose qu'une forte herse en forme de trapèze, à deux ou trois rangs de dents plates et recourbées en avant. L'instrument se dirige au moyen d'un âge surmonté en avant par une roue et d'un manche à deux manchetons fixés à la barre de l'arrière. La roue peut s'élever ou s'abaisser selon que l'on veut faire un travail plus ou moins profond.

D. Quelles sont les propriétés de l'extirpateur?

R. Les propriétés de l'extirpateur sont : 1. de pulvériser et de mélanger les terres meubles de huit à dix centimètres (de 3 à 4 pouces) de profondeur; 2. de diviser également la terre après un travail de charrue et de la disposer à recevoir la semence; 3. d'enlever et de ramener à la surface les racines des plantes nuisibles.

Art, 3, De la grosse herse quadrangulaire.

D. Qu'est-ce que la herse quadrangulaire ?

R. C'est, après l'extirpateur, le meilleur instrument pour remuer les terres qui doivent être ameublies et nettoyées par un travail préparatoire. Elle se compose de quatre bandes de bois parallèles, armées de dents pointues, recourbées et liées ensemble par trois traversiers en bois.

D. Y a-t-il plusieurs manières d'atteler la herse quadrangulaire ?

R. La manière d'atteler les chevaux à la herse en augmente ou mitige l'effet ; l'attelage, qui ne peut être moindre que de deux chevaux même dans les terres légères, se fait tantôt de l'avant, tantôt de l'arrière, selon qu'on a besoin d'un travail plus ou moins énergique, tantôt à droite, tantôt à gauche. C'est au laboureur habile à essayer son tirage et à l'appliquer au travail qu'il veut faire.

D. A quoi reconnaît-on que la herse marche bien ?

R. Généralement on reconnaît que la herse marche bien lorsque deux pièces de bois placées diagonalement sur les bandes, et qui servent de raies de traîneau quand on renverse l'instrument pour le conduire au champ, cheminent sensiblement à l'œil, parallèlement à la direction de l'instrument.

D. Y a-t-il d'autres herses que la herse quadrangulaire ?

R. Oui, de petites herses soit quadrangulaires à deux panneaux, soit triangulaires, les unes à dents droites, les autres à dents recourbées, qui servent également à nettoyer la terre et à recouvrir la semence.

Art. 4. Du rouleau,

D. Qu'est-ce que le rouleau ?

R. Le rouleau est un des meilleurs et des plus utiles instrumens de l'agriculture, surtout pour les terres légères qui ont besoin d'être affermies. Il vient en aide à la herse pour briser les mottes des terres argileuses. Les meilleurs rouleaux sont en pierre et sont mis en mouvement à l'aide d'une chasse en bois dans laquelle les deux extrémités de l'axe du rouleau sont emboîtées.

D. Dans les labours préparatoires emploie-t-on quelquefois le rouleau avec la herse ?

R. Oui, et lorsqu'il s'agit de nettoyer une terre sale nouvellement charruée, la herse et le rouleau agissant ensemble et se succédant donnent un très bon résultat.

D. Existe-t-il d'autres rouleaux que ceux en pierre et en bois qui commencent à se répandre dans notre pays ?

R. On en a inventé de cannelés, d'armés de pointes; on en coule en fonte, mais jusqu'ici les rouleaux en pierre et en bois ont suffi pour les besoins du pays.

Art. 5. Des instrumens aratoires dont on se sert sans le secours des animaux.

D. Quels sont les instrumens manuels de premier labour en usage en Bretagne ?

R. Nous avons, en Bretagne, la bêche droite et recourbée ; la pioche simple, connue dans le pays sous le nom de tranche ; celle à deux branches, connue sous le nom de serpent ; les houes longues et courtes, connues sous le nom de marres, et le pic.

D. Doit-on changer la forme de ces instrumens ?

R. La science en a inventé d'autres de même espèce qui pourront être préférés ; mais jusqu'ici les nôtres suffisent à nos besoins, et tout en essayant et étudiant ceux que l'on présentera, nous ne les adopterons que lorsque, sans être trop coûteux, ils seront plus à notre main.

ARTICLE SUPPLÉMENTAIRE.

D. Vous vous êtes borné à nous expliquer les principaux instrumens aratoires, ceux d'une utilité absolue ; n'en existe-t-il pas d'autres ?

R. Il en paraît chaque jour de nouveaux, dont les uns ne se meuvent qu'au moyen d'animaux et d'autres sont manuels : nous aurons à en citer de fort utiles pour les sarclages et les récoltes.

CHAPITRE SEPT.

Des labours.

D. Comment doit-on classer les labours en Bretagne ?

R. En labours ordinaires, en défoncemens, en défrichemens et en écobuage.

Art. I. Des labours ordinaires.

D. Quel est le but et l'action d'un bon labour ?

R. À l'article de la charrue et pour démontrer quel était le but de son action, nous avons dit qu'un bon labour consistait à donner à la terre un état d'ameublissement propre à faciliter la germination et l'accroissement des plantes, à une profondeur telle, que toute la terre arable qui recouvre le sous-sol coopère à ce grand œuvre ; mais les labours n'ont pas ce but unique : il faut encore qu'ils aident à détruire les mauvaises herbes, qu'ils mélangent également les engrais et les amendemens, et qu'ils soient appropriés aux semences que l'on doit mettre en terre ; aussi les labours ne se font pas seulement à la charrue, bien souvent l'action de la herse, de la pelle et d'autres instrumens manuels doit être ajoutée à celle du premier moteur, la charrue.

D. Que doit-on observer dans le labour à la charrue ?

R. Trois choses : 1. l'épaisseur de la bande ; 2. sa largeur ; 3. la manière dont le versoir la renverse et la divise.

D. Combien distingue-t-on de sortes de labours ordinaires ?

R. Le labour préparatoire et le labour de semence.

D. Comment doivent se faire les premiers labours dans les terres lourdes ?

R. Le premier labour préparatoire d'une terre lourde doit être profond, parce que la terre a besoin d'être ameublie dans toute l'épaisseur de la couche-arable, à bande étroite, parce que si elle était large, la motte ne serait pas recouverte et les herbes ne se décomposeraient pas.

D. Comment doivent-ils se faire dans les terres légères ?

R. Dans les terres légères, au contraire, le labour doit être moins profond et la raie large, parce qu'il s'agit surtout de retourner la motte, et qu'avec une raie large et peu épaisse la motte se renverse complètement.

D. Y a-t-il des règles fixes pour les autres labours ?

R. Dans un second ou un troisième labour, lorsque la terre est déjà ameublie, et que la motte est consommée, le labour ayant principalement pour but le mélange des engrais et amendemens avec la terre, doit être dirigé vers ce but et dépend de l'état où se trouve la terre dans ces labours.

D. Quelle direction doit-on donner aux labours ?

R. La direction à donner aux labours dans les champs et dans les différentes expositions n'est pas indifférente : elle doit être, en général, dans le sens de la pente, pour donner aux eaux un écoulement plus facile, excepté toutefois dans les terres où on redoute la sécheresse, là le labour doit être perpendiculaire à la pente, cependant on doit le faire de manière à rejeter le moins possible les terres vers le bas, où elles ont une disposition naturelle à se rendre, afin de ne pas rendre trop mince la couche arable du haut. Quelques auteurs indiquent de labourer les pentes transversalement : cela vaut sans doute mieux dans bien des cas, mais n'est pas toujours commode.

D. Qu'appelle-t-on sillon ou billon ?

R. Ce sont des plates bandes égales, sur lesquelles on répand la semence, où on plante les racines, les tubercules, les choux, le colza, etc., etc.

D. Doit-on labourer à grands sillons plats ou à petits sillons ?

R. Selon les circonstances et le genre de semence que l'on veut mettre en terre, on doit labourer à plat, en grandes planches, ou en petits sillons. En Bretagne on suit plutôt les anciens usages des localités que le besoin d'un labour différent, et en cela on a tort. Il y a des labours appropriés aux semences, dont nous parlerons au chapitre *semences*.

D. Comment se fait le labour à plat ou à grand sillon ?

R. Pour faire un bon labour à plat en grandes planches, il faut, autant que possible, diviser son champ en bandes égales, droites et parallèles : de 5 à 6 mètres de large, et même moins si on a besoin de rigoles pour l'écoulement des eaux ; ensuite on commence à ouvrir avec sa charrue le milieu de la bande et on laboure jusqu'à l'endroit qu'on a fixé pour être la rigole, en revenant sur soi-même.

D. Dans quelles circonstances les bons agriculteurs cultivent-ils en petits sillons dans notre pays ?

R. Ils ne font généralement de petits sillons que dans les terres bien desséchées, et pour les cultures des froments et des orges.

D. Quels sont les désavantages du labour à petits billons, autrement dit du billonage ?

R. Bien que le billonage soit usité en Bretagne et donne de bons résultats, il doit être rarement préféré au labour à plat, en planches égales, même pour la culture de l'orge et pour toutes les semences de mars ; car, dans notre pays humide et pluvieux, il arrive souvent que l'eau séjourne sur les petits billons, pourrit les racines des plantes et contribue à donner aux céréales la maladie connue sous le nom de rouille. On ne se repent jamais d'avoir fait de grands sillons et on regrette quelquefois d'en avoir fait de petits.

Art. 2- Des défoncemens.

D. Qu'appelle-t-on défoncement ?

R. On appelle labours de défoncement ceux qui tendent à augmenter la couche végétale du sol arable en y mélangeant une partie du sous-sol.

D. Comment se font les défoncements ?

R. Les défoncements se font soit à mains d'hommes, avec la pelle et la pioche, soit avec la charrue ordinaire et la pelle, soit avec une forte araire que l'on nomme charrue à défricher.

D. Comment se fait le défoncement à mains d'hommes ?

R. On fait à l'extrémité du champ une fosse de la profondeur à laquelle on veut défoncer et de la largeur d'un coup de pelle ; on remplit cette première fosse en en faisant une seconde à côté, de la même profondeur et de la même largeur, ayant soin, soit avec la pelle, soit avec la pioche, de faire le travail de manière que le sous-sol entamé soit à la superficie de la fosse remplie ; on continue ainsi jusqu'au bout du champ.

D. Comment se fait le défoncement à la charrue et à la pelle ?

R. Ce défoncement que l'on appelle dans certaines contrées de la Bretagne *palaratre*, dans d'autres *plombage*, est le plus facile, le plus utile et le moins coûteux de tous les défoncemens. Il consiste à donner un coup de pelle dans toute la longueur du sillon, à chaque raie ou à chaque deux raies de charrue, et à jeter d'une manière uniforme la terre ou la partie du sous-sol que l'on enlève avec la pelle sur le labour que fait la charrue.

D. Que faut-il pour que le palaratre ou plombage soit bien fait ?

R. Il faut que la charrue et la pelle aient, dans tout le champ, pénétré à une grande profondeur, et qu'après le labour, qui est ordinairement fait à grosses mottes, il n'y ait ni élévation ni concavité.

D. Comment se font les défoncemens avec l'araire à défricher ?

3***

R. De la même manière que tous les labours à la charrue.

D. Est-il plus avantageux de défoncer à l'araire Dombasle que de palarer ou de plomber ?

R. Évidemment non. Avec l'araire à défoncer on ne peut
ni ramener le sous-sol entamé à la surface, ni enterrer
parfaitement le gazon, ni faire dans bien des circonstances un labour d'égale profondeur ; tandis qu'avec le palaratre on réussit presque toujours à faire un labour qui a
les qualités requises. Pour défoncer avec la grande araire,
il faut dans les terres lourdes quatre, cinq, six et jusqu'à
huit chevaux pour pénétrer à trente-quatre ou trente-six
centimètres, et difficilement on retourne un demi-hectare
par jour, au lieu qu'avec une araire ordinaire à trois chevaux et dix hommes exercés, on palare ou plombe un
demi-hectare de terre à trente-huit centimètres de profondeur.

Art. 3. Des défrichemens.

D. Qu'appelle-t-on défricher ?

R. C'est convertir un terrain inculte en terres labourables, en prairies, ou en bois.

D. De quoi se composent nos terres incultes en Bretagne ?

R. Dans les plaines et sur les plateaux, elles se composent
1. de terrains aquatiques sous landes et arbustes, dont la
couche végétale peu profonde a un sous-sol de terres blanches (argilo-silicouses) ; d'autres, enfin, à fond tourbeux ne produisant que des plantes marécageuses ; 2. de
terrains secs, sous landes ou bruyères, dont la couche
végétale est plus ou moins profonde, et qui repose soit sur
de l'argile, soit sur de la terre blanche, soit sur des couches
schisteuses graveleuses et sur des pierres de différentes
espèces ; 3. de terrains sous taillis, dont le sol est généralement argileux. *Dans les montagnes et les collines,* on rencontre, outre les terrains secs sous landes et bruyères et
les terres à taillis désignées ci-dessus, des sols à fond pierreux dont la couche végétale est tellement légère et qui
sont tellement exposés aux vents qu'ils ne peuvent être
utilisés que pour le reboisement. *Sur la côte et sur le bord
de nos rivières,* on trouve encore incultes des terrains
d'alluvions et des sables marins plus ou moins productifs.

§ 1er.

Des défrichemens des terrains humides, à sous-sol de terres blanches.

D. Quel est le travail préparatoire à faire pour défricher une terre humide?

R. En général aucun terrain mouillé n'est susceptible de recevoir une amélioration profitable avant d'avoir été parfaitement desséché, et ce n'est que lorsque ce dessèchement est établi avec intelligence, au moyen de canaux profonds que l'on place dans les endroits les plus convenables pour l'écoulement des eaux, que l'on doit s'occuper de son défrichement.

D. Quand le terrain est desséché, comment se fait le défrichement?

R. Il ne se fait parfaitement bien qu'à mains d'hommes et à l'aide de la pelle et de la pioche : d'abord on divise son terrain en sillons de cinq à six mètres de largeur, au moyen de canaux profonds aboutissant autant que possible aux canaux d'écoulement : ensuite, commençant par l'extrémité la plus élevée de chaque sillon, on fait une fosse en travers de la largeur de 0 m. 30 à 33 c., que l'on creuse au moins de 0 m. 33 à 36 c.; puis, à l'aide de la pioche, or, enlève une couche de 0 m. 33 c. de la motte supérieure, que l'on place dans la fosse, les racines en dessus; on pioche de nouveau dans le même endroit, pour enlever toutes les racines de landes, d'arbustes et de plantes nuisibles; enfin on donne un coup de pelle, pour établir à la profondeur de 0 m. 33 à 36 c. une fosse pareille à celle que l'on vient de combler. On continue ainsi jusqu'à la fin du sillon.

D. Quel est l'avantage de ce travail?

R. Il a l'avantage 1. de ramener tout d'abord à la surface la partie du sous-sol que l'on est obligé d'entamer pour avoir une épaisseur suffisante de terre arable, et de l'exposer aux influences fructifiantes du soleil et de l'air; 2. de rendre le terrain également perméable à une profondeur de 0 m. 33 à 36 c., et comme dans le labour on conserve les canaux d'écoulement, le dessèchement des sillons devient facile et prompt.

D. Quelles sont les époques de l'année les plus convenables pour faire les défrichemens de terres humides?

R. On doit faire les canaux d'écoulement dans le mois

4

de mars et ne commencer à défoncer que dans les mois de mai et de juin.

D. En supposant que le terrain dont est cas soit desséché et défoncé à la fin de juin, ne pourrait-on pas l'utiliser par une culture productive, et, dans le cas de l'affirmative, quel serait le travail à y faire?

R. Le seul travail à faire avant de semer des navets, qui est la racine qui prospère le mieux, est d'ameublir et de mélanger la terre à la surface, au moyen de la herse, du rouleau et même de la tranche, de la fumer largement avec de gros fumiers communs, des mannous ou des vases et de recouvrir la fumure par un labour léger à la charrue.

§ 2.

Des défrichemens des terres à landes ou à bruyères, à sous-sol pierreux.

D. Quels sont les terrains à fond pierreux ou graveleux que l'on doit défricher pour en faire de la terre labourable?

R. Ceux auxquels on peut donner une couche arable de 0 m. 33 c. au moins. Il faudra réserver les autres pour y semer et planter des arbres et reboiser le pays.

D. Si les terrains de ce genre que l'on veut défricher ne sont ni clos ni abrités, doit-on les clore?

R. Ces terrains se trouvant ordinairement dans des lieux élevés, il faut nécessairement les clore et tâcher de leur donner de l'abri.

D. Comment défriche-t-on les terres sous landes?

R. On fait dans la largeur du champ et à une des extrémités, une fosse de 0 m. 33 à 35 c. au moins de profondeur et de 0 m. 33 c. au plus de largeur, en rejetant la terre vers le fossé; ensuite on écroute la terre dans toute la longueur de la fosse, dans une largeur de 0 m. 33 c., et on rejette cette croûte, composée de détritus de landes et de mauvais gazon dans le fond de la fosse; cette opération faite, on défonce à la pioche dans la largeur écroutée, pour enlever toutes les racines de landes, d'arbustes et de fougères, en rejetant toujours la terre dans la fosse; enfin on donne un coup de pelle dans toute la longueur de la partie que l'on vient de défoncer, de manière à former une nouvelle fosse semblable à la première, et l'on continue de la même manière jusqu'à la fin du champ.

D. Que doit-on faire après qu'une lande a été ainsi défoncée?

R. Aussitôt le défoncement fait, on enlève les racines et on donne même un coup de grosse herse pour extirper les racines que le défricheur aurait pu enfouir maladroitement.

D. Quelle est l'époque la plus favorable pour défricher?

R. En automne, parce que, le défoncement fait, on laisse reposer la terre pendant tout l'hiver, l'influence des froids et des neiges étant très favorable à la décomposition des sous-sols d'argile.

D. Quelle est la première culture à donner à une terre de landes nouvellement défrichée?

R. Celle de plantes sarclées, et particulierement de la pomme de terre, afin de remuer la terre défrichée le plus souvent possible pour la bien mélanger et pour en exposer le plus de portions possible à l'influence fructifiante du soleil et de l'atmosphère.

§ 3.

Des défrichemens de taillis.

D. Comment défriche-t-on les taillis?

R. Avec la pioche et la hache on enlève toutes les souches, et en même temps on fouille tout le terrain de manière à extraire de la terre toutes les racines de bois et de fougères qui y existent.

D. Que faut-il pour qu'un défrichement de taillis soit bien fait?

R. Pour qu'un défrichement de taillis soit bien fait (et il n'y a pas de succès à espérer sans cela) il faut que la terre soit entièrement dégagée de racines et de pierres à une profondeur de 0 m. 40 à 50 c., car il n'en est pas des terres de taillis comme de celles de landes à fond de terres blanches, le sol au lieu de se gonfler s'y abaisse en s'amendant, et là où il y avait après le défrichement une épaisseur de 0 m. 40 c. de terre arable, il ne reste plus qu'une épaisseur de 0 m. 33 c. après une culture de quatre ans.

D. Après un défrichement de taillis, peut-on mettre de suite le sol défriché en culture?

R. Oui, car dans ces sortes de terrains, la terre est riche de végétation, mais il ne faut pas en abuser, comme nous aurons occasion de le dire au chapitre des assolemens.

ART. 4.

De l'écobuage.

D. Qu'est-ce qu'écobuer?

R. Écobuer se dit généralement de l'extraction des racines de landes, de bruyères, de végétaux qui se trouvent à la surface des friches que l'on veut mettre en culture. On comprend sous la même dénomination d'écobuage, et l'extraction de la motte qui contient les racines, et le brûlis de cette motte et de la terre qu'elle contient.

D. Que distingue-t-on dans l'écobuage?

R. Dans l'écobuage on distingue l'extraction de la motte, son mulonnage, après qu'elle a été desséchée, si on veut la brûler, ou son enfouissement si on veut la faire se décomposer en terre pour servir d'engrais.

D. Combien distingue-t-on de sortes d'écobuages?

R. Deux : l'écobuage avec brûlis, et l'écobuage avec enfouissement.

D. Quels sont les avantages et les désavantages de l'écobuage avec brûlis?

R. Au moyen du brûlis on fait un ouvrage plus prompt et moins cher; on détruit par l'action du feu les germes et les graines des plantes nuisibles dont on voulait se débarrasser, ainsi que les insectes, et on a de suite un engrais stimulant (la cendre); mais le brûlis amaigrit tellement certaines terres légères, en dénaturant et faisant évaporer l'humus, qu'il arrive qu'après l'écobuage la terre redevient tout-à-fait infertile.

D. Quels sont les avantages ou les désavantages de l'écobuage avec enfouissement.

R. L'écobuage avec enfouissement, qui est un défrichement imparfait, outre qu'il est plus coûteux, a bien l'inconvénient d'enterrer les graines de landes, de genêts, de bruyères et de plantes nuisibles, qui repoussent et que l'on ne peut détruire que par de nombreux sarclages, et celui d'enfouir les larves des insectes et de les laisser reproduire, mais il n'amaigrit ni ne dénature la terre, et c'est toujours un bon labour qui conduit à une amélioration.

D. Vous nous avez démontré que dans les terres légères il y avait danger d'écobuer avec brûlis, en est-il de même dans toutes les terres?

R. En général il vaut mieux enfouir que brûler, cependant dans les tourbières et les marais desséchés, où la matière organique et les détritus de végétaux surabondent, il y a souvent nécessité de brûler pour donner au sol moins de ténacité.

D. Quand on écobue de vieilles prairies doit-on brûler la motte?

R. Non, il ne faut jamais la brûler, ce serait se priver d'un engrais.

D. De quels instrumens se sert-on pour écobuer ?

R. Dans la plupart des pays où l'on écobue, on se sert de différens instrumens, tels que couteaux, pelles, racloirs, fourches attelées, charrues de diverses formes: en Bretagne nous employons la houe à court manche, que nous nommons *marre*, dont nous avons fait le mot *marrer*, pour désigner, dans l'écobuage, l'action d'enlever la motte.

D. La marre suffit-elle pour écobuer ?

R. Oui, nos agriculteurs habitués à s'en servir font avec elle un bon travail et à bon marché: il n'y a donc aucune utilité à la changer, à moins qu'il ne nous soit démontré que par un procédé nouveau et avec un instrument peu dispendieux on puisse faire mieux et plus promptement.

D. Dans l'écobuage avec brûlis, quand doit-on marrer ?

R. Lorsqu'on veut brûler avec l'écobuage, il faut avoir soin de marrer de bonne heure, pour laisser à la motte le temps de sécher pendant l'été, de manière qu'immédiatement après le brûlis et par un temps sec on puisse étendre la cendre et l'enfouir de suite pour qu'elle conserve en terre toute son activité.

D. A quelles cultures conviennent les terres brûlées?

R. En général, les terres brûlées ne conviennent qu'au seigle, aux légumineuses et aux crucifères: les pommes de terre qu'elles produisent ont un goût acre et sont de mauvaise qualité.

Art. 5. Des desséchemens.

D. Quel effet produit l'excès de l'eau dans les terres labourables ?

R. L'eau, qui est indispensable à la végétation quand elle est dans la terre en quantité suffisante, surtout quand elle s'y échauffe, devient un obstacle à la culture et au développement des bonnes plantes lorsqu'elle surabonde. Les desséchemens, même pour les petites cultures, doivent

donc être un objet d'étude pour nos cultivateurs, qui on t
souvent à combattre les effets d'un climat trop pluvieux.

D. Combien distinguez-vous de sortes de desséchemens ?

R. Deux principaux : les desséchemens de marais et d. e
terres marécageuses, pour ceux qui veulent augmenter
l'étendue de leurs cultures, et les desséchemens des terre s
mouillées, pour ceux qui veulent simplement améliorer.

§ 1.

Des desséchemens des marais et des terres marécageuses.

D. Dans notre pays peut-on dessécher des marais san s
être obligé d'employer des travaux d'art hors de la portée
de la plupart de nos cultivateurs ?

R. Dans la Basse-Bretagne le pays est tellement accidenté
qu'il existe peu de marais qui ne puissent être desséché s
par des canaux percés avec intelligence; toutes les fois
que les desséchemens pourront se faire par des moyens or
dinaires et à peu de frais, il y aura toujours avantage à
dessécher, car n'obtiendrait-on qu'un terrain de tourbe
d'une grande épaisseur, le produit de la tourbe qu'on ex-
trairait, employé comme chauffage, donnerait une plu s
grande valeur à un marais que celle qu'il avait avant
d'être desséché et compenserait et au-delà les frais du desséchement.

D. Quelle est la première opération à faire quand on veut
dessécher un marais ?

R. C'est de s'assurer, par une opération de nivellement,
quelle est la partie la plus basse d'un marais, et celle par
laquelle les eaux peuvent s'échapper.

D. Qu'est-ce que c'est que prendre le nivellement d'un
terrain ?

R. C'est s'assurer, au moyen d'un instrument nommé
niveau, combien un point de la surface du sol à niveler
est plus élevé ou plus abaissé qu'un autre.

D. L'opération du nivellement est elle difficile ?

R. Non, c'est la chose du monde la plus simple, et il
suffit de l'avoir vu faire une fois pour le savoir.

D. Quand on a fait le nivellement d'un marais et qu'on
s'est assuré par cette opération qu'il a un écoulement possible, que doit-on faire pour le dessécher ?

R. On fait un canal d'écoulement qui part de la partie

d'où les eaux peuvent s'échapper, et auquel on fait suivre les sinuosités des parties basses du marais; on creuse ce canal le plus profond possible : ensuite, au moyen de canaux transversaux que l'on perce à la distance de trois mètres au plus et qui partent des parties élevées du marais pour se rendre au canal principal, on donne à ces canaux partiels le plus de pente possible, de manière qu'en arrivant au canal principal ils aient la même profondeur que ce dernier.

D. Si le marais n'a point d'écoulement possible, doit-on l'abandonner?

R. Si le marais n'a point d'écoulement, ou si, pouvant en avoir, il y a impossibilité de faire des canaux de dessèchement parce que le sous-sol serait de pierres inégalement profond, le dessèchement du marais deviendrait trop coûteux pour la plupart de nos agriculteurs, et il n'y aurait que ceux qui pourraient faire construire des machines d'épuisement qui devraient l'essayer, encore faudrait-il calculer si le coût de la main-d'œuvre et des machines ne dépasserait pas la valeur du terrain après le dessèchement.

D. Quand on parvient à dessécher un marais, quelle est la première opération à faire pour le rendre à la culture?

R. Lorsqu'un marais est desséché, on l'écobue pour détruire les racines des plantes et arbustes aquatiques et pour faciliter l'écoulement des eaux de la surface; ensuite on le cultive, soit à la pelle, soit à la charrue à défoncer, pour faire un premier travail préparatoire, en observant toujours de maintenir bien nettoyés les canaux d'écoulement.

D. Quel genre de culture doit-on donner aux marais desséchés?

R. Il n'y a rien de fixe à cet égard, cela dépend de la nature du sous-sol et de la plus ou moins grande quantité de tourbe qui se trouve à la surface; c'est au cultivateur intelligent à agir d'après la connaissance qu'il a acquise des cultures propres aux différens sols.

§ 2.

Du desséchement des terres marécageuses et des terres mouillées où les eaux séjournent.

D. Quels sont les moyens de desséchement de terres cultivables qui sont à la portée de tous les agriculteurs

R. Le desséchement des terres cultivables sujettes à la stagnation des eaux se fait de plusieurs manières : 1. par des canaux d'écoulement extérieurs ou fosses ouvertes ; 2. par des canaux intérieurs ou aqueducs ; 3. par des puits perdus ; 4. par l'applanissement de la superficie du sous-sol.

D. Comment se font les desséchemens à fosses ouvertes ?

R. De la même manière que nous l'avons expliqué à l'article des défrichemens, en traitant des canaux de desséchement.

D. Qu'appelle-t-on aqueducs en agriculture ?

R. Ce sont des canaux couverts en pierres, en briques, ou en bois, qui servent à faire écouler les eaux.

D. Quels sont les terrains que l'on doit dessécher au moyen d'aqueducs :

R. Lorsque, même dans les terrains en pente, il se trouve des sources souterraines ou des réservoirs d'eaux comprimées, à une profondeur plus grande que l'épaisseur du sol et dans la première couche du sous-sol, il en résulte des fondrières qu'il n'est pas toujours facile de dessécher par des fosses ouvertes qui seraient trop profondes et qui feraient perdre trop de terrain ; dans ce cas le meilleur moyen de dessécher est de faire des aqueducs que l'on proportionne à la plus ou moins grande quantité d'eau qu'ils doivent recevoir.

D. Comment doit-on placer l'aqueduc ?

R. L'aqueduc doit avoir l'une de ses embouchures à la naissance de la source ou de la fondrière, et être au moins à une profondeur suffisante pour que les pierres qui le recouvrent ne soient pas atteintes par la charrue lors des labours ; l'autre embouchure doit être placée de manière à rejeter les eaux hors du champ que l'on veut dessécher.

D. En quels bois peut-on faire les aqueducs ?

R. Les bois de hêtre et de saule, verts et en sève, ayant la propriété de se conserver dans l'eau et dans les terres mouillées, si on n'a pas à sa portée des pierres convenables, on peut y suppléer en construisant des aqueducs avec des planches de hêtre ou de saule.

D. Comment peut-on dessécher un terrain plat, hors duquel on ne peut pas conduire les eaux nuisibles ?

R. Par le moyen des puits-perdus.

D. Qu'appelle-t-on puits-perdu ?

R. C'est un trou profond dans lequel on jette d'abord des souches, des fagots de hêtre ou de saule verts, et ensuite de grosses pierres brutes.

D. Quelles dimensions doivent avoir les puits-perdus ?

R. Il n'y a pas de règle à cet égard. Il faut les faire le plus profond possible et de dimension suffisante pour contenir les eaux qu'on y conduit.

D. Comment dessèche-t-on un terrain au moyen d'un puits-perdu ?

R. Il faut, à partir des sources et des fondrières, faire des fosses profondes se réunissant autant que possible, soit directement, soit par embranchement, à l'endroit où l'on doit faire son puits-perdu; dans ces fosses on jette de grosses pierres, les plus anguleuses possibles, pour que l'eau puisse s'infiltrer entr'elles, et on recouvre cet empierrage de terre ou on y établit des aqueducs.

D. Quel est l'avantage d'un bon desséchement au moyen d'aqueducs et de puits-perdus ?

R. L'avantage de ce mode de desséchement est qu'une fois qu'il est établi, il l'est pour toujours; qu'il n'est sujet à aucun entretien, et qu'ordinairement les terrains qui ont été longtemps mouillés et qui ne sont pas tourbeux, une fois desséchés, produisent d'abondantes récoltes, avec peu d'engrais, principalement avec des amendemens marins.

D. Vous nous avez dit à l'article des défrichemens, comment on peut dessécher un terrain en pente, par l'applanissement du sous-sol; y a-t-il quelques moyens de dessécher les terrains plats ?

R. Si le terrain à dessécher est tout à fait plat, en le cultivant à grands sillons fixes, et en ménageant par la culture la surface du sous-sol de manière qu'il soit en sillon tombé comme la surface du sol, on facilitera l'écoulement des eaux dans chaque fosse des sillons fixes, et il ne restera plus pour dessécher que de donner à l'arête du fond de chaque fosse de sillon assez d'inclinaison pour que l'eau s'écoule à l'extrémité du champ, où l'on fait une grande fosse transversale pour la recevoir.

Art. 6. De l'endiguage.

D. Qu'appelle-t-on endiguage ?

R. Ce sont les travaux que l'on fait pour préserver les terres basses de l'envahissement des eaux pluviales et des débordemens des ruisseaux, des rivières et des hautes marées.

D. Par quels moyens peut-on préserver nos terres bretonnes des inondations et des débordemens ?

4*

R. Dans certains cas, il faut nécessairement faire des digues ; dans d'autres, on encaisse les ruisseaux et les rivières ; dans d'autres enfin, il suffit de donner aux eaux courantes une direction plus droite et plus convenable.

D. Qu'appelle-t-on digues ?

R. Ce sont des élévations en terres ou en pierres destinées à empêcher les eaux des rivières ou de la mer de pénétrer dans les terres.

D. Quelles sont les qualités d'une bonne digue ?

R. Il faut que les digues soient construites en talus le plus aplati possible, et que leur direction offre le moins possible de résistance aux courants des rivières ou à l'action de la marée ; enfin, il faut que leur construction soit assez forte et en matériaux assez compactes pour résister au poids et à l'action destructive de l'eau.

D. Combien distingue-t-on de sortes de digues ?

R. Deux sortes : les digues en maçonnerie, et les digues en terre ; les dernières seulement sont du ressort de l'agriculture.

D. Comment se font les digues en terre ?

R. Les digues en terres glaises doivent être très larges dans leur base, fortement inclinées du côté de l'eau, plus élevées au moins d'un demi-mètre que les plus grandes crues d'eau connues, composées autant que possible de gazons taillés en trapèze, superposés et tassés à la masse ; il faut que la surface du plan incliné qui doit recevoir l'action de l'eau soit bien plane et bien battue, et enfin qu'elles reposent sur un fond solide. C'est selon les besoins ou les localités que l'on doit donner une plus ou moins forte dimension aux digues, en se conformant, autant que faire se peut, aux principes de construction d'une bonne digue.

D. Quelle est dans bien des cas la cause du débordement des rivières et des ruisseaux ?

R. La plupart de ces débordemens proviennent de ce que l'on ne s'occupe pas assez de soigner la direction des ruisseaux ou des rivières, et que par les obstacles que rencontrent les eaux dans un cours sinueux, elles s'élèvent fréquemment et aux moindres pluies par dessus les bords.

D. Quelle est la meilleure direction à donner aux ruisseaux et aux rivières pour empêcher les débordemens ?

R. Évidemment celle qui a le plus de pente et qui rapproche le plus de la ligne droite.

D. Quels sont les résultats de l'action de l'eau dans les ruisseaux sinueux ?

R. Lorsqu'on n'entretient pas un ruisseau et que son cours est sinueux, l'action de l'eau tend toujours à détruire les bords et si dans cette destruction continuelle elle parvient à abattre des arbres, ou à déraciner des souches, elle produit un obstacle qui cause un débordement. La première opération qu'on a donc à faire quand on veut encaisser ou endiguer un cours d'eau, c'est d'en rectifier le lit.

D. A quoi reconnaît-on que le lit d'une rivière est bien rectifié et bien encaissé ?

R. En principe, le lit d'un ruisseau est rectifié lorsque le cours de l'eau est direct, et que ce lit a la pente la plus forte et la plus uniforme. L'encaissement est bien fait lorsque les bords sont formés de talus en pentes douces et de surfaces planes dont l'inclinaison uniforme part du lit du ruisseau pour arriver à la partie la plus élevée du talus.

Presque jamais on ne peut obtenir un pareil résultat, mais on doit faire tous ses efforts pour en approcher en tout ou en partie.

D. Lorsque le terrain ne permet pas de faire des talus pour encaisser ou endiguer une rivière ou un ruisseau sujet à débordement, comment fait-on pour y suppléer ?

R. Lorsque le terrain ne permet pas de faire des talus pour encaisser ou endiguer les ruisseaux, on peut y suppléer au moyen d'une claie vivace, en saule, en ozier, ou, à défaut, en aulne, formée de piquets rapprochés et enfoncés profondément sur le bord des ruisseaux et entrelacée de branches. Cette claie, lorsqu'elle est revêtue en dehors avec de la terre, forme un obstacle suffisant pour empêcher les débordemens, et dure d'autant plus longtemps que les pieds de saule ou d'ozier ont pris racine.

D. N'y a-t-il pas un autre moyen ?

R. Oui, lorsqu'on ne peut pas enfoncer les piquets des claies, on forme dans les endroits que l'on veut endiguer et à la distance d'un mètre au moins du bord, une espèce de turon de pierre, mêlée de terres glaises et de mousses, de forme prismatique, ayant soin de placer les pierres qui doivent être exposées à l'action de l'eau dans une inclinaison opposée à la pente du turon.

Art. 3 Des clôtures.

D. Quelles sont les principales clôtures en Bretagne ?

R. Ce sont des élévations de terre que nous avons nommées

fossés et sur lesquels il croît des bois courants, des landes et des genêts. Nous avons en Bretagne peu de clôtures de murs et de haies vives.

D. Comment distingue-t-on les fossés ?

R. On en distingue deux sortes : les fossés doubles et les fossés simples. Les premiers sont plus grands, plus larges, et ont deux paremens égaux en mottes ou en pierres ; les seconds sont plus petits et n'ont quelquefois qu'un seul parement.

D. Quels sont les avantages des fossés ?

R. Les fossés ont l'avantage de bien séparer les propriétés, de donner des paccages surs et isolés aux bestiaux, de fournir du bois de chauffage, et, dans bien des positions, de donner des abris favorables à la végétation ; mais ils ont aussi bien des inconvéniens.

D. Quels sont-ils ?

R. D'abord, étant trop multipliés, ils font perdre à l'agriculture un terrain évalué au quinzième de la surface du sol arable. Étant constamment couverts d'herbes et de plantes nuisibles, les graines de ces plantes, lors de leur maturité, se répandent d'autant plus facilement dans les champs qu'elles reçoivent plus directement l'action du vent : enfin ils forment avec les arbres qui les couvrent un abri qui n'est pas toujours favorable à la végétation, qui empêche la terre de recevoir les influences du soleil et qui occasionne le versement des céréales.

D. A quelle époque doit-on faire et entretenir les fossés ?

R. La construction d'un bon fossé doit se faire dans le mois de mars ou d'avril, les influences de l'hiver et surtout ceux de la gelée les faisant ébouler ; c'est aussi à cette époque qu'on doit y faire les travaux d'entretien.

CHAPITRE HUIT.

Des ensemencemens.

D. Qu'entend-on en agriculture par ensemencement ?

R. La science des ensemencemens embrasse le présent et l'avenir. — Dans le présent se trouvent : 1. les labours et cultures appropriés à chaque semence ; 2. le choix, la préparation et la conservation des semences ; 3. les époques des semailles ; 4. la quantité de semences à employer ; 5. les procédés de sémination, dans lesquels sont compris ceux pour recouvrir la semence; 6. les soins d'entretien après la germination jusqu'à la récolte.

Dans l'avenir, l'art de ne donner à la terre que la semence qui lui convient dans son état actuel, afin d'assurer pour les années suivantes les récoltes les plus productives possible sans épuiser le sol ; cet art s'appelle l'assolement.

SECTION PREMIÈRE.

Des ensemencemens dans l'année où ils se font.

D. Quand on a de la terre arable à faire produire dans l'année, quel genre de culture doit-on adopter ?

R. Le genre de culture à faire dans l'année dépendant de l'état du sol, de sa trempe ou fumure, et de la saison où l'on peut cultiver, l'agriculteur qui aura étudié sa terre n'aura plus à s'occuper que du choix de la culture qu'il aura à faire, dans quelles circonstances on doit mettre telles plantes en terre plus tôt que telles autres, et, en général, quelles sont les cultures appropriées à chaque plante.

Art. I. Du froment.

D. Quels sont les fromens que nous cultivons dans notre pays ?

R. Nous cultivons en Bretagne deux espèces de froment : celui d'hiver et celui de mars. Dans l'origine ces deux fromens devaient être les mêmes, c'est la culture qui en a fait des variétés.

Les fromens d'hiver se distinguent en froment barbu et en froment nu ou sans barbes: les fromens de mars sont ordinairement des fromens barbus.

D. Y a-t-il plusieurs variétés de fromens ?

R. Il y en a une grande variété : de durs, de mous, de couleurs plus ou moins rougeâtres et de blancs. Nos agriculteurs célèbres les ont plus ou moins essayés, et il est résulté de ces essais que le meilleur blé d'hiver, le plus productif, le plus rustique, celui qui convient le mieux à toutes nos terres, est le blé Lama sans barbes, et que le froment de mars du pays a toujours été préféré à ceux que l'industrie a introduits.

4**

§ 1er.

Du choix de la semence et des terrains que l'on doit choisir pour cultiver le froment.

D. Quelles sont les qualités que doit avoir le blé de semence ?

R. Il faut : 1. que le blé qu'on veut semer ait été récolté parfaitement mûr ; 2. qu'il soit sec et cassant sous la dent : 3. qu'il soit nettoyé et purgé de toutes mauvaises graines ; 4. que le grain soit bien nourri, et qu'il soit autant que possible de la récolte de l'année : cependant si cette récolte avait été mauvaise et que le grain en fût maigre, il faudrait préférer la semence de l'année précédente.

D. Doit-on changer la semence du froment, bien que l'on en produise de convenable ?

R. D'après l'avis de nos agronomes, on doit changer la semence tous les trois ou quatre ans ; effectivement on obtient de meilleurs produits en allant au loin chercher de bonnes graines : cependant il y a des exemples qu'avec une culture plus soignée on peut bonifier nos fromens dans nos terres mêmes.

D. Quelles sont les terres qui, en Bretagne, conviennent à la culture du froment ?

R. En général, les terres franches en première ligne, et ensuite les terres fortes conviennent aux fromens d'hiver ; les terres plus légères, et principalement les terres argilo-sableuses conviennent au froment de mars.

D. Le choix des engrais, des amendemens, et la manière de cultiver influent-ils sur les produits du blé ?

R. Certainement, et c'est pour cela qu'un cultivateur intelligent doit prendre chaque année des notes sur les engrais et cultures qui lui ont réussi, enfin étudier les qualités ou les défauts de sa terre.

§ 2.

Des labours préparatoires pour cultiver le froment.

D. Doit-on faire des labours préparatoires pour cultiver le froment ?

R. Avant tout il faut que la terre à froment soit parfaitement nettoyée. Dans un bon assolement, la culture du froment succède à une culture sarclée, à une récolte de sarrasin ou à une culture de trèfle, et ordinairement après ces récoltes la terre est propre, mais si elle ne l'était pas, il ne faudrait pas hésiter, soit par un labour préparatoire, soit par des hersages faits immédiatement après la récolte, à mettre sa terre en état.

D. Doit-on fumer pour le froment ?

R. A moins que l'on emploie le goëmon sec, ou des engrais pulvérulens dans une terre appauvrie, on ne doit pas fumer pour le froment ; la trempe des années précédentes et l'enfouissement des racines et des branches de trèfle rendra la terre assez fertile, un surcroît d'engrais occasionnerait le versement du blé, on donnerait à la récolte plus de paille que de grains.

D. Quelle espèce de labour fait-on pour semer le blé ?

R. Après racines fumées, la terre étant très ameublie par le fait de l'extraction de ces racines (que dans notre pays on fait ordinairement à la pioche ou au croc), on laboure la terre très légèrement, soit à petits sillons plats, soit à grands sillons, selon les besoins de la localité.

Après trèfle on laboure à grands sillons, et si la terre n'est pas assez meuble, on l'ameublit au moyen d'un hersage ou d'un léger palaxatre, à chacune des secondes ou des troisièmes raies de charrue. Ce dernier procédé est le meilleur, parce qu'il enterre mieux les racines de trèfle. Le labour après trèfle doit être plus profond qu'après racines ; cependant si l'on palarait il ne faudrait pas charruer trop profondément, la semence de blé ne demandant pas à être trop enterrée, et devant être dans une couche de bonne terre.

Après sarrasin la terre étant ordinairement propre, un labour de moyenne profondeur suffit.

D. Quand fait-on le dernier labour de semence de blé ?

R. Pour les cultures d'hiver, comme pour celles de mars, soit qu'on sème le blé après racines, soit qu'on le sème après trèfle, le dernier labour de semence doit se faire immédiatement avant de répandre la graine.

§ 3.

De la préparation de la semence.

D. Doit-on préparer la semence de froment avant de la mettre en terre ?

R. Les fromens sont sujets à des maladies, entr'autres à celle connue sous la dénomination de la carie ou du charbon. L'expérience a prouvé que l'on pouvait prévenir ces maladies ou en détruire le germe au moyen d'une opération nommée chaulage, parce que dans le principe on ne se servait que de chaux pour la faire et qu'aujourd'hui la chaux est encore utilement employée dans la composition des préservatifs.

D. Comment se fait le chaulage ?

R. Le chaulage s'opère de plusieurs manières, et à l'aide de diverses substances. Nous allons indiquer trois moyens, les plus simples et les moins coûteux, qui remplissent parfaitement l'objet, cependant si la maladie se perpétuait, comme cela proviendrait soit de la nature du sol, soit de la mauvaise qualité du blé, soit d'un abus de certains engrais, ou de certains amendemens, soit enfin de causes que l'on ne peut prévoir et qui heureusement sont extrêmement rares, on doit changer les semences et essayer d'autres procédés.

D. Quel est le premier moyen simple de chaulage ?

R. C'est celui par aspersion, qui est aussi le meilleur.

D. Comment se fait-il ?

R. Vous mettez dans un cuvier un hectolitre de froment, vous jetez dessus une écuellée de chaux réduite en poudre, puis vous versez deux litres d'eau et vous mélangez avec une pelle, vous recommencez cette opération quatre fois de suite, de manière à employer quatre écuellées de chaux et huit litres d'eau par hectolitre, ensuite vous étendez le blé chaulé sur un plancher pendant douze heures, pour le sécher avant de le semer.

Le blé ainsi chaulé se conserve des mois entiers sans se détériorer.

D. Quel est le second moyen simple de chaulage ?

R. Un autre chaulage, qui est aussi fort bon, consiste à mélanger et réduire en poudre un kilogramme de potasse et un kilogramme de noir animalisé ; de faire bouillir ce mélange dans huit litres d'eau, et de verser cette décoction, quand elle est refroidie, sur un hectolitre de blé semence, ensuite de bien remuer le blé avec une pelle et de ne le semer que quand il est sec.

D. Quel est le troisième moyen simple de chaulage ?

R. On prépare à l'avance ou ce qui vaut mieux, on fait préparer chez un pharmacien un mélange de vitriol bleu, de sulfate de soude et de noir animal, dans la proportion de 100 grammes vitriol , 200 grammes sulfate de soude et 50 grammes noir animal pour chaque hectolitre de froment à chauler; on fait bouillir ce mélange pendant un quart d'heure en le remuant , et pendant que la préparation est encore tiède , on la verse sur un hectolitre de semence que l'on a mis dans un cuvier. On le remue avec une pelle et pendant que l'on fait cette opération , on ajoute à plusieurs reprises de la chaux éteinte , de manière à employer 4 à 5 kilogrammes par hectolitre de froment. Après 4 à 5 minutes de mélange à la pelle, et lorsque le blé de semence est suffisamment imprégné de chaulage , on l'étend sur un terrain sec ou sur un plancher, et peu d'heures après on peut le semer.

Ce chaulage qui est le plus énergique des trois, est indispensable lorsqu'il y a eu du charbon dans les blés de l'année précédente.

§ 4.

De l'époque de la semaille du froment en Bretagne, et de la quantité de semence à employer.

D. A quelle époque doit-on semer le froment ?

R. Comme il faut autant que possible semer par un beau temps sec , et que notre climat est pluvieux, on doit , pour les semailles de froment d'hiver , profiter des premiers beaux jours d'octobre, et des premiers beaux jours de février pour mettre en terre les fromens dits de mars , observant toutefois de ne jamais semer pendant la gelée.

D. Quelle quantité de blé doit-on semer par hectare ?

R. Généralement il ne faut pas semer trop épais, et il faut moins de semence pour le blé d'hiver que pour celui de mars, parce que le premier tâle davantage. La moyenne pour la semaille d'hiver est de deux hectolitres par hectare, et pour la semaille de mars de deux hectolitres 1/2 pour la même surface: il n'y a rien de fixe à ce sujet , parce que les bonnes terres demandent moins de semences que les médiocres et qu'avec un surcroît d'engrais il faut semer plus clair.

D. Jusqu'à quelles époques de l'année peut-on semer les fromens dans notre pays, et la quantité de semence varie-t-elle selon l'époque plus ou moins retardée de la sémination ?

4***

R. Les fromens d'hiver peuvent se semer jusqu'aux fêtes de Noël, et ceux de printemps jusqu'à la fin de mars. En général plus on sème tard, plus il faut de semence.

§ 5.

Des différentes manières de semer le blé.

D. A quelle profondeur doit-on semer le froment ?

R. Le froment demande à être semé à la surface et à n'être presque pas enterré, surtout dans les terres fortes et dans les terres franches : aussi l'usage que l'on a en Bretagne de semer à la volée serait-il le préférable si l'on avait des semeurs qui répandissent la graine bien également, et pas trop épais ; mais comme cela se rencontre rarement, pour obvier à l'inconvénient d'un ensemencement inégal, et pour ne mettre en terre que juste la quantité de grain que comporte le degré de fertilité du sol, on a imaginé le semoir.

D. Y a-t-il différentes espèces de semoirs ?

R. Oui, mais les plus simples et les moins coûteux sont les meilleurs, s'ils font un travail convenable.

D. Faites-nous la description d'un semoir simple ?

R. Un de ceux que les agriculteurs éclairés emploient le plus en Bretagne, n'est autre chose qu'une brouette légère, à une seule roue, qui, en marchant, fait tourner une lanterne ronde en fer-blanc, formée de deux cônes tronqués, assemblés par leurs bases ; le milieu de cet assemblage est une bande percée d'une série de trous que l'on ouvre ou que l'on ferme selon la grosseur de la graine, et selon que l'on veut semer plus ou moins épais.

D. Comment se font les semailles avec le semoir ?

R. Elles se font en ligne que l'on trace au moyen d'un instrument nommé rayonneur, qui n'est autre chose qu'un rateau large, armé de trois ou quatre dents espacées à la largeur des rayons, et quand on veut rayonner pour y pousser le semoir, on traîne après soi le rayonneur dans la longueur et la direction des sillons, en appuyant plus ou moins sur le manche pour faire les rayons plus ou moins profonds. — Une fois les rayons faits, on y fait rouler le semoir au pas ordinaire.

D. Comment et avec quels instrumens recouvre-t-on le blé quand il est semé ?

R. Les semences à la volée ou au semoir, que le champ soit cultivé en petits ou en grands sillons, doivent être recouvertes au moyen d'un hersage léger. On se sert dans quelques parties de la Bretagne pour cette opération : dans les terres meubles, d'une petite herse en bois; dans les terres franches et lourdes, d'une herse plus forte, ou plus généralement on recouvre le blé avec la marre à long manche, ce qui donne à la surface un parement qui facilite la végétation. Ce moyen, quand il n'est pas trop dispendieux, est préférable au hersage.

D. Mais quand la terre est trop légère, ne doit-on pas l'affermir en semant le blé ?

R. Lorsque la terre est trop légère ou trop sèche, on peut faire passer le rouleau en bois sur la semence et herser légèrement ensuite. Il serait à désirer que cette méthode se répandît, car elle est vraiment bonne.

D. Quels sont les avantages des ensemencemens au semoir sur les ensemencemens à la volée ?

R. Les ensemencemens au semoir ont sur ceux à la volée l'avantage d'économiser au moins un tiers de la semence, de faciliter les sarclages, et de pouvoir enterrer la graine à la même profondeur.

§ 6.

De l'entretien du froment depuis la germination jusqu'à la récolte.

D. Doit-on sarcler ou biner le froment ?

R. Oui, lorsqu'il est sale après la germination, ou que la terre a été tassée par les pluies et forme une croute compacte ; généralement c'est une bonne opération à faire quand on en a le temps.

D. Comment sarcle-t-on le froment ?

R. Les bons sarclages de froment ne se font qu'à la main, au moyen de la binette ou petite pioche à deux dents. Quant au binage, il est rarement nécessaire ; on obtient un résultat satisfaisant d'ameublissement, avec une herse en bois garnie d'épines. Ce hersage léger produit toujours un bon effet dans les terres fortes et trop desséchées.

D. Quand le froment a poussé dans une terre devenue trop légère par la sécheresse, comment affermit-on la racine ?

R. En passant le rouleau dessus.

D. Quels sont les ouvrages d'entretien à faire après la germination ?

R. En thèse générale, il ne faut jamais laisser séjourner les eaux sur les terres ensemencées de froment ; et l'en-

5

trelien des rigoles pour l'écoulement des eaux pluviales est de rigueur, si on veut préserver ses blés de la rouille.

Art. 2. Du seigle.

D. Quelles sont les terres qui conviennent au seigle ?

R. Le seigle prospère dans les terres légères, comme dans les terres franches; mais dans les terres lourdes et humides il est sujet à une maladie nommée l'argot.

D. Y a-t-il plusieurs espèces de seigle ?

R. Oui, mais en Bretagne on ne cultive que le seigle d'automne, qui est celui qui réussit le mieux.

§ 1er.

Des labours pour la culture du seigle.

D. Doit-on faire des labours préparatoires pour le seigle?

R. Les labours préparatoires pour semer le seigle doivent être assez répétés pour que la terre soit parfaitement ameublie lors de la semaille : ils n'ont pas besoin d'être profonds.

§ 2.

Du choix, de la quantité de la semence, et de l'époque de l'ensemencement.

D. Quel seigle doit-on choisir pour semence, et combien en faut-il pour ensemencer un hectare ?

R. Il faut que le seigle de semence soit bien sec, bien nourri et de l'année précédente. Deux hectolitres suffisent pour ensemencer un hectare, attendu qu'il ne demande pas à être semé épais.

D. A quelle époque sème-t-on le seigle ?

R. Le seigle est, en Bretagne, la première semence d'automne. Comme il résiste parfaitement aux rigueurs de nos hivers, qui ne sont jamais grands, il faut semer le seigle le plus tôt possible, même à la fin de septembre.

D. Doit-on changer quelquefois la semence du seigle ?

R. Oui, surtout si on a eu du noir ou de l'argot dans l'année précédente. Il ne faut pas semer du seigle acclimaté aux montagnes, dans les plaines et surtout dans les palues de sables (bien que celui qui croît sur toute la Bretagne soit de la même famille). En général, dans un terrain qui produit des seigles gros et nourris, il ne faut pas mettre de semences maigres.

§ 3.

De la manière d'ensemencer.

D. Comment sème-t-on le seigle ?

R. Le seigle, comme le froment, demande à être semé à la superficie. La meilleure manière de le répandre est à la volée. Il faut profiter d'un temps sec pour semer le sei-

glé et , une fois semé , il faut le recouvrir légèrement avec
une herse en bois. Dans une terre trop légère , il est bon
de rouler avant de herser.

D. Comment sème-t-on le seigle après écobuage ?

R. Lorsqu'on fait du seigle après écobuage brûlé , et c'est
ce qui a lieu ordinairement en Bretagne, il faut semer fin
septembre pour profiter d'un beau temps, afin que les cendres d'écobuage , que l'on répand en même temps que l'on
fait le dernier labour de semence, soient enterrées le plus
près possible de la superficie où doit être enfouie la semence. C'est surtout lors de la semence du seigle après
écobue qu'il est important de faire usage du rouleau pour
consolider la terre et y faire pénétrer la cendre.

Art. 3. De l'avoine.

D. Quelles sont les avoines que l'on cultive le plus généralement en Bretagne ?

R. Nous ne cultivons guère en Bretagne que l'avoine
commune , dont nous connaissons trois variétés : l'avoine
blanche , l'avoine grise et l'avoine noire ; toutes trois sont
chez nous d'un excellent produit, et résistent parfaitement aux froids de nos hivers. — L'avoine noire est la
préférable pour les semences de printemps.

Depuis quelque temps, quelques agriculteurs font essai
d'une avoine blanche et lisse de printemps nommée avoine
de Hongrie ; elle est plus petite, moins lourde que l'avoine
commune, mais elle est très productive et croît dans les
terrains médiocres. Il y a aussi de l'avoine noire de Hongrie qui est meilleure : celle-là est plus difficile sur le choix
du terrain et est moins rustique. Toutes deux ne résistent
que difficilement aux rigueurs de nos hivers.

D. A quel sol convient la culture de l'avoine commune ?

R. De toutes les céréales, l'avoine est celle qui est la
moins difficile pour le choix du sol : elle réussit dans les
terres lourdes , comme dans les terres légères ; dans les
terres humides , comme dans les terres sèches. En Bretagne nous en sémons dans toutes les expositions, et toutes
les fois qu'il s'agit d'utiliser, soit une fin de trempe , soit
un terrain que l'on n'a pu cultiver que grossièrement.

§ 1er.

Des labours pour l'avoine.

D. Doit-on donner n . labour préparatoire pour semer
l'avoine ?

R. On ne donne pas à la terre d'avoine de labours préparatoires pour la semer en automne.

D. Quelle est la meilleure manière de semer l'avoine d'automne?

R. C'est à grand sillon et à plat. Pour ce travail, on fait de suite quatre raies de charrue pour former le milieu du sillon ; on sème et on palare pour recouvrir la semence, sans casser la motte : on fait ensuite deux autres raies de charrue ; on sème et on palare, et on continue ainsi jusqu'à la fin du sillon, qui doit être terminé par une fosse profonde.

D. Répétez-nous ce que c'est que le palaratre ?

R. Le palaratre, que dans quelques cantons on appelle le plombage, est un travail à la pelle au moyen duquel on ramène à la surface tout le fond d'une raie de charrue à une profondeur de 33 à 36 centimètres.

Avec une charrue de trois chevaux, huit hommes exercés au palaratre et un semeur, on doit cultiver et ensemencer un demi-hectare d'avoine par jour.

D. Ne peut-on pas remplacer le palaratre ou plombage par un labour profond fait au moyen de deux charrues ?

R. Oui, lorsqu'un cultivateur a deux araires, une forte à trois chevaux et une petite à deux, il peut semer l'avoine en faisant d'abord une raie d'un labour léger avec la petite charrue, et en faisant passer la grande dans la même raie après avoir semé. Ce travail est moins parfait que le premier et n'est guère moins coûteux ; aussi ne doit-on l'employer que lorsque l'on ne peut pas se procurer d'ouvriers pour palarer.

D. Quels sont les labours nécessaires pour semer l'avoine de printemps ?

R. On peut semer de l'avoine de printemps comme l'avoine d'automne, au moyen du plombage, si on n'a pas eu le temps de donner à la terre, avant l'hiver, un labour préparatoire le plus profond possible. En général les semences de printemps réussissent beaucoup mieux lorsque la terre a été préparée en automne.

D. Comment sème-t-on l'avoine de printemps après un labour préparatoire d'hiver ?

R. Après avoir donné un second labour préparatoire et avoir bien nettoyé la terre au moyen de la herse, on sème l'avoine à plat ; et comme elle demande à être enterrée profond, on herse fortement après la semence, et on la recouvre en jetant avec la pelle la terre des fosses sur le plat des sillons.

Du choix, de la quantité de semence, et de l'époque de l'ensemencement.

D. Quelles sont les qualités de la bonne semence d'avoine et comment la prépare-t-on ?

R. La semence de l'avoine, autant que celle des autres céréales, doit être pleine, sèche; la nouvelle est préférable à l'ancienne : elle demande à être parfaitement nettoyée, et comme l'avoine est sujette au charbon, il est convenable de chauler la semence.

D. Combien faut-il d'avoine pour semer un hectare ?

R. L'avoine demande à être semée clair, parce que lorsqu'elle tâle elle produit davantage et est moins sujette à verser. Cependant, pour les semailles d'automne, il est bien de semer plus épais, attendu que la rigueur de la saison détruit toujours quelques plants. En général deux hectolitres 1|4 d'avoine doivent suffire pour ensemencer un hectare.

§ 2.

Des labours d'entretien.

D. Quand l'avoine est hors de terre, quels sont les soins à lui donner ?

R. Si on sème l'avoine d'hiver dans un labour grossier, il est toujours nécessaire de le rectifier au printemps : c'est ce qui s'appelle butter l'avoine. Pour cela, dans les terres lourdes, on passe le rouleau pour briser les mottes, et ensuite une herse en bois, garnie d'épines. Dans les terres franches la herse suffit, dans les terres légères le rouleau remplit le but.

D. Doit-on sarcler l'avoine ?

R. Le sarclage de l'avoine produit toujours un bon effet. Dans le Bas-Léon, on la sarcle comme le blé et on a raison ; cependant le sarclage, qui est coûteux, ne devient nécessaire que lorsque la terre est sale et qu'il y pousse du charbon.

Art. 4. De l'orge.

D. Y a-t-il plusieurs espèces d'orge ?

R. Oui, mais en Bretagne on ne cultive généralement que l'orge commune de printemps à deux rangs, et l'escourgeon d'hiver, et encore ce dernier ne réussit bien que dans les bonnes terres de l'Armorique.

D. Quelles sont les terres qui conviennent à l'orge ?

R. L'orge ne réussit bien chez nous, ni dans nos terres trop lourdes, ni dans nos terres trop légères : il faut à cette céréale des terres franches, bien ameublies, surtout bien amendées et bien fumées soit d'engrais consommé soit de goëmon vert.

D. Comment prépare-t-on la terre pour la culture de l'escourgeon ?

R. Pour l'escourgeon, la préparation de la terre est la même que celle à froment d'hiver.

D. Comment la prépare-t-on pour l'orge de printemps ?

R. Pour l'orge commune à deux rangs, que l'on sème toujours au printemps et au mois de mars, il faut préparer la terre longtemps à l'avance.

La terre après lin, racines, ou pommes de terre fumée, est celle qui convient le mieux à la culture de l'orge. Outre le labour préparatoire qui résulte de l'extraction des racines et des tubercules, il faut en faire un second dans le courant de décembre, surtout dans les terres à lin, qui sont plus sales, et, en général, ne jamais semer l'orge que lorsque la terre est bien ameublie, soit par des labours, soit par des hersages, et qu'elle soit bien desséchée, car l'orge ne réussit jamais mieux que lorsqu'elle est semée dans la poussière.

D. Comment sème-t-on l'orge ?

R. L'orge d'hiver, comme celle de printemps, se sème à la superficie et la semence ne doit être recouverte que par un léger hersage. Si on sème du trèfle en même temps que l'orge de printemps (ce qui est très bien), on procédera comme nous le dirons à l'article trèfle.

§ 1.

Du choix et de la préparation de la semence.

D. Quelle est la meilleure semence d'orge ?

R. Il faut choisir pour semence d'orge la plus lourde de la récolte précédente et la plus blanche, parce que c'est la plus mûre.

D. Comment prépare-t-on la semence d'orge ?

R. L'orge, autant que toute autre céréale, demande à être bien nettoyée, et, plus que toute autre, à être chaulée, car elle est sujette au charbon.

§ 2.

De la quantité de semence à employer et des travaux d'entretien après la germination.

D. Quelle quantité d'orge doit-on semer dans un hectare ?

R. Comme il n'y a aucun danger à semer l'orge un peu épais, parce qu'ordinairement la plante tâle peu, la quantité de semence de cette céréale varie de deux hectolitres 1/2 à trois hectolitres par hectare. Dans l'arrondissement, de Morlaix, on n'en met jamais moins de trois hectolitres.

D. Quels sont les travaux d'entretien à faire à l'orge après la germination ?

R. Il n'y a aucun travail d'entretien à faire à l'orge après la germination, si ce n'est quelques sarclages si la terre est trop sale, ou un tassement au rouleau en bois si la plante devient trop drue dans une terre bien ameublie.

Art. 5. Du blé noir ou sarrasin.

D. Y a-t-il plusieurs espèces de sarrasin ?

R. Il y en a plusieurs variétés, mais les plus utiles, celles qui réussissent parfaitement dans notre pays, sont le sarrasin commun ou d'été, et le sarrasin de Sibérie ou de printemps.

D. Quelles sont les terres qui conviennent au sarrasin ?

R. Le sarrasin, comme le seigle, prospère dans les terres légères et réussi également dans les terres fortes. Il a l'immense avantage de ne pas fatiguer le sol et de le maintenir propre et ameubli ; c'est pour cela que l'on en cultive beaucoup dans certaines parties de la Haute-Bretagne pour préparer de la terre à froment dans des terres généralement trop lourdes.

D. Quels sont les inconvéniens de la culture du sarrasin?

R. D'abord, il n'est jamais d'une récolte assurée : le moindre froid, les brumes, les orages le détruisent ; souvent quand il arrive à sa maturité, les pluies, les vents l'égrainent ou le détériorent ; récolté, il demande des soins continuels pour l'empêcher de s'échauffer ; enfin, si l'habitude n'en avait pas fait la principale nourriture des Bretons qui le cultivent, les produits, même dans les années d'abondance, ne seraient pas en rapport avec les frais de culture. Aussi dans les contrées où l'agriculture a fait des progrès la culture du sarrasin diminue.

§ 1.

De la préparation de la terre à blé noir et de l'ensemencement.

D. Comment prépare-t-on la terre à blé noir ?

R. Les terres à blé noir doivent être préparées par différens labours d'hiver et de printemps. Il est bien de fumer lors du premier labour d'automne. Le sarrasin demande à être semé dans une terre bien nettoyée et dans la poussière.

D. À quelle époque sème-t-on le sarrasin ?

R. L'époque de la semence doit être celle des premiers beaux jours du mois de juin, à moins que l'on ne cultive le gros sarrasin de Sibérie, qui est plus rustique que celui du pays et qui ne craint pas les gelées blanches du printemps. La semence de ce sarrasin peut être mise en terre fin d'avril.

§ 2.

Du choix, de la quantité de semence, et de la manière de semer.

D. Comment doit-on choisir la semence du sarrasin ?

R. La semence du sarrasin doit être sans odeur ; le moindre échauffement est nuisible à la végétation de cette céréale ; la plus petite, si elle est pleine et luisante, est la meilleure.

D. Quelle quantité de sarrasin faut-il pour semer un hectare ?

R. Le sarrasin devant être semé très clair, car il tâle beaucoup et quand il est trop épais il verse, un hectolitre de graine suffit pour ensemencer un hectare.

D. Comment sème-t-on le sarrasin ?

R. Quand la terre est presque réduite en poussière par les labours et hersages, on profite d'un temps sec et chaud, et on sème à la volée ; ensuite on recouvre la semence par un léger hersage. Le sarrasin ne demande aucun entretien jusqu'à la récolte. Il n'y a que les cultivateurs imprévoyants qui soient obligés de sarcler leur blé noir. La plante étant très fragile souffre si on la tracasse pendant sa croissance, car une fois cassée elle ne produit presque rien.

Des légumineuses qui servent en Bretagne à la nourriture de l'homme.

D. Quelles sont les plantes légumineuses que nous cultivons en Bretagne pour la nourriture de l'homme ?

R. La fève, le haricot, le pois et la lentille.

Art. 6. De la fève.

D. Quelles sont les fèves que l'on cultive le plus généralement en Bretagne ?

R. On cultive en Bretagne deux espèces de fèves : la grande fève, dite de marais, et la petite, dite féverolle. Cette dernière est seulement celle des champs.

D. A quoi servent les fèves ?

R. Nos cultivateurs mangent peu de fèves, mais elles sont d'une grande ressource pour la nourriture des chevaux, des vaches et surtout des porcs.

D. Quelles sont les terres qui conviennent aux fèves ?

R. Les fèves réussissent principalement dans les terres franches et dans les terres lourdes, et ont le précieux avantage d'ameublir le sol et de le bien préparer à une culture de froment, sans trop l'épuiser. En raison de ces qualités et du produit des fèves, qui ne manquent presque jamais, il serait à désirer que leur culture fût plus répandue dans notre pays; où il n'est pas toujours facile de faire une préparation de terre à froment pour l'année suivante.

D. Comment prépare-t-on la terre à fève?

R. La terre à fève doit être fumée, amendée, nettoyée et ameublie par des labours préparatoires.

D. A quelle époque sème-t-on les fèves?

R. On sème les fèves tout l'hiver; mais dans notre pays où cette saison n'est pas rigoureuse, on fait mieux de semer plus tôt que plus tard.

D. Comment sème-t-on les fèves?

R. On sème rarement les fèves à la volée, quoiqu'on puisse le faire. La meilleure manière est de semer au semoir, et après avoir rayonné profondément. Une fois la semence en terre, on la recouvre par un hersage.

D. Faut-il sarcler les fèves après la germination?

R. La fève demandant une terre propre pendant tout le temps de sa végétation, il faut la sarcler au moins deux fois, mais principalement quand les premières feuilles sont développées. C'est à cause de ces sarclages, et parce que la plante de fève est cassante, que l'ensemencement en rayon et au semoir est préférable.

D. Combien faut-il de graine de fève pour ensemencer un hectare?

R. Il en faut ordinairement deux hectolitres.

Art. 7. Des haricots.

D. Y a-t-il une grande variété de haricots?

R. Oui, mais les haricots nains hâtifs blancs ou colorés sont les seuls qui peuvent être cultivés dans nos champs.

D. Quels sont les inconvéniens de la culture des haricots?

R. Bien que le haricot soit un excellent légume et d'un bon produit, on ne le cultive guère, dans notre pays, en plein champ, parce qu'il demande une terre de première qualité et qu'il épuise tellement le sol, que le froment ne réussit pas toujours bien après une récolte de ce légumineux: aussi ne le cultive-t-on en grand que dans les sols très riches.

D. Comment prépare-t-on la terre à haricots et quels sont les soins à leur donner?

R. On prépare la terre pour les haricots comme celle pour les fèves: mais il ne faut semer ce légume qu'à la fin d'avril et lorsqu'on ne craint plus les gelées, auxquelles il est très sensible. Du reste, la manière de semer

5*

et les soins, d'entretien depuis la germination jusqu'à la récolte sont les mêmes que pour les fèves."

Art. 8. Des pois.

D. Qu'est-ce que le pois des champs ?

R. Le pois des champs, qui est le seul dont nous ayons à nous occuper, est un pois demi-rame. Sa culture se répand dans notre Armorique : elle convient aux terres fortes, comme aux terres franches, et contribue à les ameublir. Le pois doit être employé concurremment avec la fève pour faire de la terre à froment, bien qu'il soit un peu plus épuisant que cette dernière.

D. Quels sont les labours préparatoires à faire pour la culture du pois ?

R. Les labours préparatoires pour faire de la terre à pois sont les mêmes que pour la terre à fève ; mais il ne faut semer, dans notre pays, le pois champêtre qu'en mars ou avril, car il est sensible aux rigueurs de l'hiver.

D. Comment sème-t-on le pois champêtre ?

R. Le pois champêtre se sème à la volée ou au semoir. Il y a moins d'inconvénient à le semer à la volée que la fève, car il a rarement besoin de sarclage, et sa tige est moins fragile que celle de la fève. Le pois devenu grand couvre la terre et forme un ombrage épais qui étiole et détruit les plantes nuisibles qui croissent sous lui ; c'est en cela qu'il est un bon préparatoire pour la terre à froment, qui demande à être très propre.

D. Combien faut-il de pois pour ensemencer un hectare ?

R. Le pois ne demande pas à être semé trop épais : un hectolitre et demi suffit pour ensemencer un hectare.

Art. 9. Des lentilles.

D. Comment cultive-t-on les lentilles ?

R. Absolument comme les pois et on les sème à la même époque : mais elles ne réussissent que dans quelques-unes de nos meilleures terres, aussi cette culture est-elle fort peu répandue. D'ailleurs, la lentille est très épuisante et les frais qu'on est obligé de faire pour en obtenir de bonne ne sont pas compensés par le produit. Il faut deux hectolitres de lentilles pour ensemencer un hectare.

Des tubercules et des racines.

Art. 10. De la pomme de terre.

D. Y a-t-il une grande variété de pommes de terre ?

R. Depuis quelques années la pomme de terre est devenue un des principaux alimens de nos malheureux ; aussi a-t-on essayé toutes les variétés connues, mais elles ne sont pas toutes également productives et appropriées à nos terres.

D. Quelles sont les pommes de terre qui jusqu'ici réussissent généralement le mieux dans nos terres ?

R. On en distingue deux classes : les hâtives et les tardives. Dans notre pays les meilleures hâtives sont la pomme de terre cornichon, la vitelotte, et la patate de trois mois. Les meilleures tardives sont la grise, la grosse jaune et la blanche commune : cette dernière, qui est très productive, ne vaut pas les autres et sert principalement à l'alimentation des animaux.

D. Quelles sont les terres qui conviennent aux différentes espèces de pommes de terre ?

R. Il faut cultiver les espèces hâtives, dans les terres franches et lourdes, et mettre les tardives dans les terres légères et sablonneuses. Cependant la pomme de terre cornichon, qui est la plus hâtive, réussit parfaitement et croît avec une étonnante rapidité dans les terres qui ont été fortement amendées avec des sables calcaires et du merle, bien que ces terres, par suite de cet amendement souvent réitéré, soient devenues légères.

En général la pomme de terre convient à toutes les terres que l'on peut bien ameublir; ce serait folie d'en mettre dans des terres imperméables, dans celles qui ne pourraient pas recevoir des labours profonds, soit de préparation de semence, soit d'entretien, enfin dans celles qui seraient trop humides, car elles y pourriraient et si elles croissaient elles ne mûriraient pas.

§ 1er.

De la culture de la pomme de terre.

D. Quel est le genre d'engrais qui convient aux pommes de terre ?

R. Dans un bon assolement, la culture de la pomme de terre est une culture fumée : le fumier frais de vaches ou de chevaux est celui qui convient le mieux ; les vidanges, les mammous, donnent mauvais goût aux pommes de terre.

D. A quelle époque doit-on fumer la terre à pomme de terre?

R. Quelquefois on enterre la fumure en même temps que le tubercule, quelquefois elle est enterrée au moyen d'un labour préparatoire; en thèse générale, si le fumier est frais, il faut l'enfouir à l'avance dans les terres lourdes, et, quand on se sert de gros fumiers il faut l'enterrer à l'avance.

D. Comment doit-on préparer la terre à pomme de terre?

R. La pomme de terre, dans son accroissement, devant soulever la terre et y faire pénétrer des racines molles, ne doit être semée que dans un terrain bien ameubli; deux

et jusqu'à trois labours préparatoires sont souvent nécessaires pour bien diviser la terre, et comme ordinairement
on cultive la pomme de terre après une céréale, il faut
faire le premier labour préparatoire immédiatement après
la récolte, et le plus profond possible pour bien enterrer
les plantes nuisibles.

Si on enterre le fumier au second labour, il faut qu'il
soit moins profond que le premier, pour conserver l'engrais dans la zone de la végétation ; enfin si l'on n'enterre
le fumier qu'en semant la pomme de terre, il faut également un labour léger, car le tubercule ne doit pas être
mis à plus de dix à douze centimètres de profondeur.

D. Comment plante-t-on la pomme de terre ?

R. Il y a deux manières de planter la pomme de terre : à
la charrue, et à la pelle ou à la tranche. Mais, soit qu'on
plante la pomme de terre à la charrue, soit qu'on la plante
à la pelle ou à la tranche, on doit cultiver le champ à plat
et à grands sillons.

D. Comment plante-t-on la pomme de terre à la charrue?

R. Cette méthode, qui est la plus économique, consiste
à espacer le tubercule dans la raie, mais sur le revers pour
qu'il ne soit pas écrasé par les pieds des chevaux ou des
bœufs, et à le recouvrir par un autre coup de charrue.

On sème les pommes de terre à chaque deux raies, lesquelles doivent être faites de manière que les lignes de
plantation soient à 36 ou 40 centimètres de distance.

D. Comment plante-t-on la pomme de terre à la pelle ou
à la tranche ?

R. Pour planter la pomme de terre à la pelle ou à la
tranche on forme des sillons par des labours plus profonds
au moyen d'un palaratre à chaque deux raies de charrue;
ensuite on plante le tubercule en faisant, soit avec une
pelle soit avec une tranche, des trous que l'on recouvre
après en écrasant les mottes et ameublissant la terre.

D. A quelle distance plante-t-on les pommes de terre ?

R. Soit qu'on plante à la charrue, soit qu'on plante à la
tranche ou à la pelle, il faut semer en ligne, éloigner les
lignes de 40 à 45 centimètres et placer les tubercules dans
les lignes à 33 centimètres les uns des autres.

D. Doit-on semer la pomme de terre entière ou peut-on
la semer par morceaux ?

R. On peut la couper, mais il vaut mieux la semer entière et choisir la semence, parmi les moyennes et les
mieux faites. Lorsque le printemps est humide, les pommes de terre coupées ne poussent pas toutes, tandis que
les pommes de terre semées entières ne souffrent pas de
l'intempérie des saisons.

D. A quelle époque sème-t-on la pomme de terre ?

R. Les pommes de terre hâtives doivent être semées les premières, du premier février au 15 mars; c'est du premier mars à la fin d'avril qu'on sème les tardives. Dans les deux espèces, si l'on sème de bonne heure on doit semer plus profondément, et dans les terres sèches on doit semer plutôt que dans les terres humides: au reste il n'y a rien de fixe à cet égard, le succès dépend souvent de la plus ou moins grande sécheresse de l'été, ou des rigueurs de la saison printanière; c'est le cas de dire : à tout hasard, etc.

D. Comment doit-on choisir la semence de pomme de terre?

R. Dans le choix de la semence, il faut autant que possible prendre la plus sèche, la plus ferme, et celle où la germination n'est pas commencée : les germes qui poussent dans le magasin se brisent lors de la plantation et repoussent plus difficilement.

D. Peut-on propager la pomme de terre par semis ?

R. Depuis plusieurs années on essaie de propager la pomme de terre par semis, et par ce moyen on obtient des variétés; mais comme les premiers produits d'un semis sont des tubercules extrêmement petits, que ce n'est qu'à la seconde ou à la troisième année que ces tubercules, resemés avec soin, parviennent à la même grosseur que celles qui ont produit les graines, on ne peut indiquer la propagation des pommes de terre par semis que comme un objet de curiosité, d'autant que lorsque la pomme de terre dégénère rien n'est plus facile que de changer la semence, ce qu'il est toujours à propos de faire tous les 4 ou 5 ans.

§ 2.

Des travaux d'entretien après la semence.

D. Quels sont les travaux d'entretien à faire après la semence de la pomme de terre ?

R. La pomme de terre pour prendre plus de développement a besoin de végéter dans une terre toujours meuble et très propre; il faut donc la sarcler à peine sortie de terre, ce que l'on peut faire soit à la tranche ou pioche à une ou à deux branches, soit à la binette, soit à l'aide d'un instrument nommé houe, à cheval. Le travail à la main est le préférable.

D. Qu'est-ce que la houe à cheval ?

R. Il y a une quantité de houes à cheval : la plus simple se compose d'un âge ayant un manche aux deux côtés duquel on a placé deux ailes mobiles garnies de couteaux tranchans tournés en dedans et placés à plat.

5**

D. Comment se sert-on de la houe à cheval ?

R. La houe à cheval est traînée par un cheval et conduite par un ou deux hommes. Avant de s'en servir pour un sarclage de plantes mises en rayon, on fixe les ailes mobiles à la largeur d'un rayon, et on conduit son instrument entre deux rangées, en donnant aux ailes, au moyen d'un régulateur, la largeur nécessaire pour que les couteaux ne coupent que les racines des plantes nuisibles sans endommager les plantes utiles que l'on veut sarcler.

D. À quoi sert la houe à cheval ?

R. Cet instrument, qui est peu coûteux, est fort utile pour nettoyer les plantes semées en rayons, et bien que le sarclage qu'il fait soit loin d'être aussi parfait que celui à la main, il est tellement économique que, lorsque l'on a une grande culture, et que la terre n'est pas infectée de chiendent et d'autres plantes traçantes qui repoussent des racines, on ne doit pas hésiter d'employer la houe à cheval.

D. Est-il nécessaire de butter la pomme de terre ?

R. Le sarclage n'est pas le seul travail d'entretien que l'on fasse à la pomme de terre : dans beaucoup d'endroits, et surtout dans les terrains secs et légers, il faut la butter, c'est-à-dire enterrer une partie de sa tige.

D. Comment se fait le buttage de la pomme de terre ?

R. Ce travail se fait aussi de deux manières, soit à la main avec une tranche, soit au moyen d'une charrue à double versoir en bois.

D. Comment butte-t-on les pommes de terre avec la charrue à double versoir ?

R. Au moyen de régulateurs, on ouvre ou l'on ferme également les deux versoirs mobiles de manière que leur plus grand écartement ait 10 centimètres de moins que la largeur des lignes dans lesquels on a semé les pommes de terre : on y attèle un cheval, et on le conduit dans le milieu des rayons de manière à former une fosse dont les deux versans couvrent la partie inférieure des tiges des plantes semées en ligne.

D. Une fois les pommes de terre buttées, ont-elles besoin d'autres travaux d'entretien ?

R. Non. Il y a des agriculteurs qui coupent les tiges après la floraison pour les donner comme aliments à leurs bestiaux, d'autres qui détruisent les fleurs, sous prétexte de faire grossir le tubercule : la première de ces mutilations est nuisible à l'accroissement et surtout à la prompte maturité de le pomme de terre, la seconde ne produit aucun effet utile.

Art. II. Des navets et rutabagas.

D. Quels sont, dans notre pays, les navets fourragers les plus estimés ?

R. Il y a une variété considérable de navets: les plus estimés sont le gros navet vert de la Meillerai, et le rutabaga ou navet de Suède. Le premier ne sert qu'à la nourriture des bestiaux, le second nourrit les chevaux et les bestiaux.

§ 1.

Des navets.

D. A quelles terres conviennent les navets ?

R. Les navets, qui sont une plante de terres humides, réussissent chez nous dans toutes les terres. quand les automnes sont pluvieux ; cependant, quand on a le choix du terrain, il faut semer les navets dans une terre lourde ou dans une terre franche, car on y obtient toujours de plus belles racines.

D. Quels sont les inconvéniens de la culture des navets ?

R. Les navets étant une plante très absorbante d'engrais, on en sème généralement moins que d'autres racines; d'ailleurs, ils ne se conservent pas autant que la betterave, la carotte, le panais et le rutabaga.

La culture du navet est cependant généralement regardée comme culture préparatoire de terre à froment, ou à orge: mais comme ce fourrager se contente des engrais les plus grossiers, en ajoutant 1|2 fumure pour cultiver des céréales après navets, on rétablit facilement l'épuisement momentané qu'il cause.

D. Comment sème-t-on le navet ?

R. Après un bon labour préparatoire et avoir parfaitement nettoyé sa terre comme pour la pomme de terre, on enterre le fumier par un labour léger, et on répand la graine soit à la volée, soit au semoir, que l'on recouvre ensuite au rateau ou à la herse légère, le navet demandant à être semé à la superficie.

D. Combien faut-il de graine de navets pour ensemencer un hectare ?

R. Le navet demande à être semé très clair. Deux kilogrammes 1|2 de graine suffisent pour ensemencer un hectare.

D. Doit-on sarcler le navet ?

R. Une fois le navet hors de terre, il faut lui faire tous les labours nécessaires pour tenir la terre parfaitement propre.

D. Qu'appelle-t-on faire une culture dérobée de navets ?

R. Il y a quelques cultivateurs qui, ayant de bonnes terres bien fumées et bien amendées, font ce qu'ils appellent une récolte dérobée de navets en faisant, immédiatement après la récolte d'une céréale, un labour léger de charrue, d'extirpateur, ou de grosse herse, en répandant de la graine sur ce travail imparfait, et en recouvrant la graine par un léger hersage ; mais cette seconde récolte ne doit être faite que dans des terrains trop riches, car on ne l'obtient qu'aux dépens de la trempe.

§ 2.

Du navet de Suède ou rutabaga.

D. Quelles sont les qualités du rutabaga ?

R. D'être infiniment plus rustique que le navet ; de se conserver plus longtemps pendant l'hiver ; de produire un plus grand volume de racine, et de servir également à la nourriture des chevaux et des bestiaux pendant l'hiver.

D. A quelles terres convient le rutabaga ?

R. A presque toutes nos terres, cependant il préfère les terres lourdes aux terres légères.

D. Comment cultive-t-on le rutabaga ?

R. Absolument comme la betterave, dont nous allons parler.

Art. 12. De la betterave ou disette.

D. Quelles sont les meilleures betteraves fourragères ?

R. Il y a plusieurs variétés de betteraves, dont les meilleures, et les plus productives sont la disette commune panachée, la jaune et la blanche de Flandre : elles réussissent dans les mêmes terrains, mais la première est la plus en usage dans notre pays et en même temps la plus rustique.

D. Quels sont les qualités et les défauts de la betterave ?

R. Si la betterave n'avait pas le défaut d'altérer la qualité du lait, et s'il n'était pas nécessaire de varier la nourriture des vaches laitières, la betterave devrait être préférée à toutes autres racines fourragères, car elle est la plus productive et celle qui se conserve le plus longtemps en hiver ; elle est peu absorbante d'engrais, et sa culture est un excellent préparatoire pour faire de la terre à froment ; de plus, elle sert à la nourriture des chevaux comme à celle des bestiaux ; elle est propre à l'engraissement des bœufs et des porcs, et ses fanes, quoique relâchant, sont d'une grande utilité comme fourrage vert, surtout si elles sont mêlées à d'autres substances.

Les qualités de la betterave étant plus nombreuses que ses défauts, sa culture doit entrer nécessairement dans le système d'un bon assolement.

D. Quelles sont les terres qui conviennent aux betteraves ?

R. La betterave préfère les terres lourdes et humides aux terres sèches et légères : elle ne grossit dans ces dernières qu'à force d'engrais ou d'amendemens. Quoique son développement se fasse en grande partie hors de terre, elle demande un sol bien ameubli, parce que, dans les premiers accroissemens de sa racine, elle pénètre profondément en terre.

D. Comment doit-on préparer la terre à betterave ou à rutabaga ?

R. Absolument comme celle de pommes de terre, en y faisant au moins deux labours préparatoires, dont le premier doit être très profond.

D. A quelle époque doit-on fumer la terre à betterave et à rutabaga ?

R. La culture de la betterave et du rutabaga est une culture fumée. Lorsqu'on sème ces racines en place, on doit enterrer le fumier à l'avance, pour que, par le hersage, il ne soit pas ramené à la surface. Lorsqu'on repique, ou qu'on plante à la charrue, il n'y a aucun inconvénient à mettre le fumier en même temps que le plant et même sur le plant.

D. A quelle époque et comment sème-t-on la betterave et le rutabaga ?

R. La betterave et le rutabaga se sèment en Bretagne fin février, si l'hiver n'est pas rigoureux, ou dans le courant de mars. Si l'on fait la semence en place, il est plus convenable de la faire en rayon avec le semoir qu'à la volée, à cause de la facilité des sarclages, indispensable à toutes les racines. Il ne faut pas craindre de semer un peu épais, ayant toujours la faculté d'enlever l'excédant quand on sarcle.

Soit que l'on sème à la volée, soit que l'on sème en rayon, la graine de betterave doit être plus profondément enterrée que celle de navets, surtout dans les terres légères ; cependant 3 ou 4 centimètres de couverture sur la graine suffisent. Quant à la graine de rutabaga, elle ne doit pas être plus recouverte que celle de navets.

D. Combien faut-il de semence pour un hectare de betterave et de rutabaga, quand on sème à la volée.

R. Il n'y a rien de fixe à cet égard : dans les bonnes terres on doit semer plus clair que dans les médiocres, mais dans tous les cas il n'y a pas de danger à semer épais, parce que, lors du sarclage, on ne conserve que les plants de belle venue. (En général 10 à 12 kil. graines de betteraves et 2 à 3 kil. graines de rutabagas suffisent pour un hectare).

D. Combien faut-il de semence de betterave ou de rutabagas pour semer un hectare avec un semoir et en rayon ?

R. Il en faut un tiers de moins que lorsqu'on sème à la volée : cependant on ne fait pas attention à la quantité de semence que l'on met en terre, et le semoir doit toujours en verser plus qu'il n'en faut, parce qu'il y a des graines qui se lèvent mal et deviennent rachitiques, d'autres qui sont mangées par les insectes, d'autres qui meurent par

5***

l'effet du mauvais temps. Après un semis abondant, s'il y a des places trop garnies, on enlève les plants, soit pour les repiquer dans les vides, soit pour les donner en nourriture aux bestiaux.

D. A quelle distance doit-on laisser les plants de betterave et de rutabaga pour qu'ils puissent prendre dans leur croissance un développement convenable?

R. Jamais moins de 36 centimètres, et dans les bonnes terres cette distance doit être de 40 à 45 cent. en tous sens.

D. Comment cultive-t-on la betterave et le rutabaga par repiquage?

R. Lorsqu'on cultive la betterave et le rutabaga par repiquage, ce qui est le plus sûr moyen pour les avoir beaux, on prépare longtemps à l'avance un coin de terre, soit dans un jardin soit dans un bon champ; on le fume largement avec de l'engrais consommé; et, à la fin de février, on y fait un semis de graines de betterave et de rutabaga de la récolte précédente. Ce semis, que l'on nomme aussi *nourrice*, doit être bien entretenu par des sarclages, lors desquels on ne laisse que les plants de belles venues, à une distance de 10 à 12 centimètres au moins.

D. Quelle doit être la grandeur du semis ou nourrice?

R. Cela dépend de la manière dont il a été fumé : dans un terrain médiocre, la nourrice doit contenir en surface la dixième partie de celle du champ que l'on veut repiquer.

D. Comment se fait le repiquage de la betterave ou du rutabaga?

R. Les repiquages se font au plantoir ou à la charrue et en rayons distancés de 40 à 45c. Lorsqu'on se sert du plantoir, il faut avoir soin de ne pas retourner la racine de manière à la mettre en double. Si l'on se sert de la charrue, ce qui est plus économique, à chaque deux raies, des femmes ou des enfans posent des plants sur la raie, à la distance indiquée plus haut, ayant soin de bien étendre la racine du plant et de le placer sur la raie de manière que la raie suivante, qui doit recouvrir la racine, n'enterre pas la fane. On ne doit repiquer à la charrue que lorsque le plant est fort.

D. Faut-il sarcler la betterave et le rutabaga?

R. Soit que ces racines aient été semées en place, soit qu'elles aient été repiquées, elles ne prospèrent qu'autant que la terre autour d'elles soit entretenue dans un bon état de propreté et d'ameublissement.

D. Quand les betteraves et les rutabagas croissent vigoureusement et qu'ils sont arrivés à couvrir toute la terre du champ avec leurs feuilles, y a-t-il inconvénient à enlever une partie de ce feuillage pour le donner en nourriture aux bestiaux?

R. Si l'on fait cet élagage avec ménagement, c'est-à-dire si l'on n'enlève que quelques-unes des premières feuilles épanouies, loin de faire du tort au développement de la racine, on le provoquera; mais si l'on enlève trop de feuilles, ce qui arrive quand le fourrage est rare, et si l'on fait cet élagage avant que la racine ait pris au moins les deux tiers de son développement, on arrêtera sa croissance : lorsque la racine a pris les cinq sixièmes de son développement, il n'y a plus de danger à lui enlever même les trois quarts de ses feuilles.

Art. 13. De la carotte.

D. Quels sont les avantages de la carotte considérée comme substance fourragère?

R. C'est à juste titre que, depuis quelques années, la carotte fourragère est appréciée de nos cultivateurs bretons; aucune racine, si ce n'est le panais, n'a plus d'utilité qu'elle pour l'alimentation du bétail. Les chevaux la mangent avec délices; elle remplace l'avoine comme excitant et donne au lait des vaches un goût savoureux.

D. Y a-t-il plusieurs variétés de carottes fourragères?

R. Oui, mais la culture en est la même. Celles de ces variétés qui paraissent se plaire davantage dans nos terres et se faire à notre climat, sont, en première ligne, la carotte à collet vert, et ensuite la carotte blanche de Hollande.

D. Quel est le sol qui convient à la carotte?

R. Comme toutes les racines, la carotte demande un sol meuble. Elles réussissent aussi bien dans les terres sablonneuses que dans les terres argileuses, pourvu qu'elles ne soient pas exposées à une trop grande sécheresse; cependant quand la terre est trop lourde et trop humide, les racines deviennent fourchues et souvent se pourrissent. Quant aux terrains pierreux, graveleux et d'une couche arable peu épaisse, ils ne conviennent pas aux carottes.

D. Comment prépare-t-on la terre à carotte?

R. La culture de la carotte étant une culture fumée de printemps, on doit préparer la terre longtemps à l'avance par des labours répétés, et enterrer l'engrais lors du second labour, qui doit être moins profond que le premier, afin que dans le labour de semence l'engrais se trouve dans la zone de végétation.

La culture de la carotte est une des meilleures préparations pour faire de la terre à froment.

D. Quelles sont les fumures qui conviennent à la culture de la carotte?

6

R. Les fumiers frais d'étable, qui sont les meilleurs pour la culture de la carotte, ont cependant l'inconvénient de donner aux racines une odeur désagréable lorsqu'ils n'ont pas été enfouis longtemps à l'avance, c'est-à-dire dans le grand labour préparatoire. En général les fumiers consommés, les amendemens marins, les engrais pulvérulens conviennent à la culture de la carotte ; si l'on emploie les pulvérulens, il faut les répandre en même temps que la racine : jamais il ne faut fumer de la terre à carotte avec des vidanges ni avec des fumiers frais de cheval ou d'âne.

D. Peut-on cultiver de la carotte dans les terres sales ?

R. Pour cultiver la carotte, il faut choisir les terres les plus propres, non seulement parce que le sarclage en est plus coûteux, mais encore parce que dans les terres sales les mauvaises herbes étouffent les plants, ou nuisent à leur premier développement.

D. Comment sème-t-on la carotte, et à quelle époque doit-on faire cette semence ?

R. La terre étant fumée à l'avance, bien nettoyée et ameublie à une grande profondeur par des labours préparatoires, on sème la carotte dans la première quinzaine de mars, sur sillon plat, soit à la volée, soit en ligne ; la semence en ligne est tellement supérieure à l'autre, tant pour l'économie de temps et la facilité des sarclages, que pour l'extraction de la carotte quand elle est rendue à sa maturité, qu'on devrait toujours la préférer.

La graine doit être semée à la surface et recouverte par un léger hersage (mieux vaut par un ratissage). Si on sème en ligne, les rayons doivent être éloignés de 35 à 36 centimètres au plus. En général il vaut mieux semer plus épais que plus clair, car en sarclant on peut ôter l'excédent de manière que dans le champ les plants soient distancés de 15 à 20 centimètres.

D. Combien faut-il de graine de carotte pour ensemencer un hectare ?

R. Si on sème en ligne, 3 kilogrammes de graines suffisent : si on sème à la volée, il en faudra 4 kilos.

D. Comment doit-on choisir la graine de carotte ?

R. La graine de carotte (dont nous apprendrons plus tard la récolte) doit être de l'année précédente, lourde et parfaitement sèche. Il est à propos, avant de la répandre, de l'exposer au soleil, et de la frotter entre les mains pour qu'elle se divise bien en la semant. Plus la graine de carotte a l'odeur forte, meilleure elle est.

D. Doit-on sarcler les jeunes plants de carotte ?

R. Les carottes une fois semées, demandent un travail

d'entretien dispendieux. Le premier sarclage, qui se fait aussitôt que la carotte a ses premières feuilles, ne peut se bien faire qu'à la main et à l'aide de la binette; dans celui qui suit, on peut, si on a semé en ligne, se servir de la houe à cheval, mais en général ce sarclage est insuffisant et un second sarclage à la binette, qui se fait plus vite que le premier, est généralement bien payé par l'accroissement que prennent toujours les carottes après un second sarclage régulier.

D. Quel est le moyen le plus simple de préserver le plant de carotte du puceron?

R. Les jeunes plants de carottes sont souvent sujets aux pucerons. Un moyen de les en préserver est de répandre sur eux, par un temps sec, de la cendre pure, ou de la chaux éteinte en poudre. Plusieurs agriculteurs ont observé que les carottes semées avec les panais étaient moins sujettes aux pucerons.

Art. 14. Des panais.

D. Quel est le panais fourrager que l'on cultive en Basse-Bretagne?

R. Nous ne cultivons en Bretagne que le panais long, qui est le seul qui convient bien à nos terres.

D. Établissez une comparaison entre le panais et la carotte sous le rapport de leur utilité respective comme fourragers?

R. Les panais, que quelques cultivateurs ont abandonnés pour les carottes, n'en sont pas moins très cultivés dans quelques-uns de nos cantons de la Basse-Bretagne, surtout dans ceux où l'on s'occupe spécialement de l'éducation des chevaux et de l'engraissement des bœufs, et leurs qualités premières les conserveront à notre culture, d'autant que les panais ont à peu près les mêmes propriétés que les carottes, qu'extraits de terre ils résistent mieux aux rigueurs de nos hivers, et qu'ils sont, dans quelques terres, d'un produit plus assuré. Si leur extraction est plus coûteuse que celle de la carotte, comme nous le verrons au chapitre de la récolte, leur culture demande moins de labours préparatoires; si on les conserve en terre en hiver, ces racines ne sont pas dévorées par les lièvres, les lapins, les mulots, comme la carotte; enfin le panais est tout ce qu'on peut donner de mieux aux vaches pendant l'hiver pour mitiger l'influence fâcheuse qu'a, sur le goût du lait et du beurre, la nourriture au navet, à la betterave, aux choux et au rutabaga.

D. Quel est le sol qui convient au panais?

R. Le panais, comme la carotte, demande une terre propre et meuble; mais il est plus difficile que la carotte et ne prospère guère que dans les terres franches et profondes, où sa récolte dépasse souvent celle de la carotte.

D. Quels sont les labours préparatoires pour faire de la terre à panais?

R. Lorsque la terre n'est pas trop sale, un seul labour profond, après une récolte de céréale, suffit pour le panais, bien que, dans certains cantons, on ne fume pas cette racine parce qu'on a fumé ou répandu du goëmon pour la céréale: il est préférable, dans un bon assolement, de réserver ses engrais consommés pour la culture du panais, et, dans cette hypothèse, on répand le fumier sur le sol peu de jours avant la semence, ensuite on donne un labour très profond et on palore à chaque raie de charrue. Cette manière de procéder a l'immense avantage d'enfouir très profond, et ensuite d'empêcher de pousser les mauvaises herbes qui étaient à la surface et d'ameublir la terre à une grande épaisseur; nous ne conseillerons pas de préparer autrement la terre à panais.

D. Comment sème-t-on le panais?

R. Le travail que nous venons de décrire laisse à la surface un labour un peu grossier; c'est dans ce labour que la graine de panais se répand à la volée, et après on le rectifie au moyen du rouleau, de la herse, et même du rateau, de manière à former de grands sillons plats, bien unis.

D. Comment doit-on choisir la graine de panais?

R. La graine de panais doit, autant que possible, être de l'année précédente. Il vaut mieux la récolter soi-même que de l'acheter, car on est sûr alors qu'elle aura obtenu sur pied son entière maturité, et qu'on n'aura que les graines des grosses fleurs, qui sont les seules vraiment bonnes. En général, la graine la plus lourde est la meilleure.

D. Combien faut-il de graine de panais pour ensemencer un hectare?

R. Quand la graine est bonne, trois kilogram. suffisent.

D. Doit-on sarcler le panais?

R. Le panais et la carotte sont les racines qui demandent le plus de propreté. Aussitôt que le panais a 4 feuilles, il faut le sarcler pour enlever toutes les mauvaises herbes; et quand la plante est bien développée et qu'elle commence à pivoter, il faut lui donner un binage profond pour ameublir la terre autour d'elle: les femmes et les enfans font ce travail, et la plante quoiqu'un peu foulée n'en souffre pas.

Des plantes oléagineuses.

D. Qu'appelle-t-on plantes oléagineuses?

R. Ce sont les plantes dont les graines doivent servir à faire de l'huile.

D. Quelles sont les plantes oléagineuses que l'on cultive le plus généralement en Bretagne?

R. Dans notre pays, nous ne cultivons encore que le colza pour la graine seulement, et le lin et le chanvre, pour la graine et la filasse. Il y a une grande variété de plantes oléagineuses, telles que la navette, le pavot, la madia sativa, etc., etc., mais nous ne sachions pas que les essais que l'on en a faits aient été, en Bretagne, couronnés de succès.

Art. 15. Du colza.

D. Quelle est l'espèce de colza qui a paru le mieux réussir en Bretagne?

R. Nous ne connaissons encore en Bretagne qu'une seule espèce de colza, le colza froid ou d'hiver. Sa culture, qui avait pris chez nous un commencement d'accroissement, paraît se ralentir, nos cultivateurs ayant observé qu'elle occupe trop longtemps la terre, et que, comme celle de tous les choux (car le colza est un choux) elle épuise le sol.

Rarement, si l'on n'a pas fumé largement pour le colza, ou si l'on ne met pas d'amendement après la récolte, on obtient immédiatement après du froment bien nourri et de produit suffisant.

D. Quelle est la terre qui convient au colza?

R. Le colza aime une terre franche, substantielle, suffisamment ameublie et richement fumée et amendée. Dans notre pays il ne réussit qu'avec ces conditions. Il ne résiste à nos hivers que dans des terres parfaitement desséchées, ou dans des relais de mer, et encore ne faut-il pas le replanter dans un même champ avant une rotation de cinq ou six années.

D. Quels sont les labours préparatoires à faire au colza?

R. Si on cultive le colza après une céréale (ce qui n'est pas toujours facile, parce qu'il est important de faire quelques labours préparatoires et de fumer à l'avance, et que l'espace de temps qui s'écoule entre la récolte d'une céréale et l'époque du repiquage du colza est court) il faut fumer davantage avec du fumier consommé, faire des labours très profonds, et herser vigoureusement pour bien nettoyer et ameublir la terre.

Si l'on cultive le colza après une demi-jachère, ce qui vaut mieux, il faut commencer les labours préparatoires vers la mi-juillet.

D. Qu'appelez-vous une demi-jachère?

R. C'est une seconde année de trèfle que l'on ne rompt qu'après la première coupe, ou le pâturage.

D. Comment sème-t-on le colza ?

R. Quelques cultivateurs ont essayé de cultiver en place, au rayonneur, ou à la volée : mais la préférence a été bientôt accordée au repiquage de plants élevés en nourrice.

D. Comment se font les nourrices de plants de colza ?

R. Absolument comme les nourrices de plants de rutabaga. Elles doivent être fumées, sarclées, distancées et entretenues de même.

D. A quelle époque sème-t-on les nourrices de colza ?

R. Aussitôt la récolte de cette oléagineuse, c'est-à-dire vers la fin de juillet. On pourrait le faire plus tôt, mais on serait obligé de se servir de la graine de l'année précédente, qui est rarement bonne.

D. A quelle époque faut-il repiquer le colza ?

R. Aussitôt que le plant est fort, ce qui arrive ordinairement dans le courant de septembre ; planté plus tôt il pourrait monter avant l'hiver, planté plus tard il ne serait peut-être pas assez bien repris pour supporter les premiers froids sans souffrir.

D. Comment plante-t-on le colza ?

R. Absolument comme le rutabaga, soit au plantoir, soit à la charrue. Si le plant est fort, le repiquage à la charrue vaut mieux et est plus économique.

D. Doit-on sarcler ou biner le colza ?

R. Il faut donner au colza un binage à la fin de l'automne et remplacer les plants morts : au printemps on le sarcle de nouveau, soit à la houe à cheval, soit à la tranche ; mais le travail à la tranche est préférable, car le plant de colza a besoin d'être butté.

D. Combien faut-il de graine de colza pour ensemencer un hectare ?

R. Comme pour un hectare de rutabaga.

D. A quelle distance doit-on planter le colza ?

R. Les rayons doivent être distancés de 45 à 50 centimètres, et, dans les rangs, les plants doivent être mis à 40 centimètres les uns des autres.

Art. 16. Du lin.

D. Quel est l'état de la culture du lin, en Bretagne ?

R. La culture du lin, qui diminue chaque jour en Bretagne, était jadis la source de sa plus grande richesse ; les toiles bretonnes étaient recherchées dans le monde entier : on ne produisait pas mieux qu'aujourd'hui, peut-être moins bien, mais on n'avait pas pour concurrence le commerce des cotonnades, qui a pris un grand développement.

D. Quelle est la cause de la décadence de la culture du lin en Bretagne?

R. La véritable cause de cette décadence, c'est qu'étant restés stationnaires dans nos productions et nos fabrications linières, jusque et compris seulement celle de la filasse, qui est du ressort de l'agriculture, nous ne pouvons plus soutenir la concurrence avec nos voisins du Nord, et nous n'en citerons qu'un exemple : c'est que nos filasses ne peuvent pas, pour ainsi dire, supporter la fabrication à la mécanique.

D. Quels sont les moyens à employer pour faire prospérer la culture du lin en Bretagne, et pour rétablir cette ancienne richesse du sol.

R. C'est de faire de la bonne filasse, et nous le pouvons d'autant plus facilement que nos terres sont aussi bonnes que celles de Flandre pour la production du lin; que nous pouvons nous procurer sur les lieux les engrais et amendemens propres à la culture du lin, que la plupart de nos eaux sont bonnes pour le rouissage, et qu'il y en a partout; en un mot, pour faire de la bonne filasse en Bretagne, nous n'avons qu'à imiter les méthodes flamandes, tant dans la production que dans la première fabrication.

D. Y a-t-il plusieurs variétés de lin?

R. Oui, mais celui qui réussit le mieux en Bretagne est le grand lin froid, ou lin de Riga, que l'on peut cultiver indifféremment comme lin d'hiver et comme lin de printemps, et le lin de Liebau.

D. Quelles sont les terres de Bretagne qui conviennent le mieux à la culture du lin?

R. Le lin aime un climat humide et un sol profond, propre, meuble, et contenant beaucoup d'humus. Il vient bien 1. dans les défrichemens de bois, de prés, dans les marais assainis et dans les terres d'alluvion d'une moyenne consistance, douces, sablo-argileuses, substantielles et fraîches : 2. dans les terres franches : 3. dans les terres grasses, qui n'absorbent ni trop lentement, ni trop promptement, l'eau des pluies. En général toutes les terres fraîches, facilement divisibles, profondément ameublies et richement fumées pour les récoltes précédentes, sont propres à la culture du lin.

D. Quelle est, dans la rotation d'un bon assolement, la place la meilleure pour la culture du lin?

R. On doit cultiver le lin après pommes de terre et racines sarclées et fumées, après avoine, jachère et trèfle rompu puisque l'on fume aussitôt la récolte, rarement après orge.

D. Quels sont les labours préparatoires que l'on doit faire à la terre à lin ?

R. La préparation du sol varie selon sa propre nature et l'état dans lequel il se trouve par suite des cultures précédentes : les terres légères exigent pour le lin un labour assez profond : dans les terres fortes et humides, il est convenable de faire un labour profond et croisé, ou bien de bêcher : quand on sème le lin après jachère, céréale ou trèfle rompu, il est indispensable de donner au moins trois labours, dont le dernier est suivi de hersages et de roulages afin d'obtenir pour résultat qu'au moment de la semence la surface du sol soit parfaitement nettoyée et ameublie, à 3 ou 4 pouces (66 à 88 centimètres) de profondeur. Les labours préparatoires d'automne sont d'autant meilleurs qu'ils sont faits plus tôt ; et les labours à la pelle sont ce qu'il y a de mieux pour obtenir de beau lin.

D. Quels sont les meilleurs engrais pour les terres à lin ?

R. Une fumure fraîche donne au lin une filasse grossière et le fait verser. Dans le Nord, on fume le trèfle auquel on veut faire succéder le lin, à raison de 40 voitures de fumier consommé par hectare, et après racines et pommes de terre 20 voitures suffisent : après jachère on emploie la même quantité d'engrais qu'après trèfle rompu, mais on a soin de répandre et d'enterrer le fumier avant l'hiver, afin qu'il se consomme, qu'il se divise par les labours subséquents, et que son action soit uniforme autant que possible ; sur les terres fortes on préfère le fumier de cheval, sur les terres légères celui de bœuf et de vache.

D. Les engrais pulvérulents conviennent-ils au lin ?

R. Les engrais en poudre sont d'autant plus avantageux pour le lin, que leur décomposition est uniforme et qu'on peut les répandre fort également ; la poudrette, la cendre, la colombine, le noir animal, le guano, en les utilisant à propos, c'est-à-dire dans des terres d'une certaine consistance et naturellement plus froides que chaudes, produisent un effet merveilleux pour faire produire à la terre de beaux et de bons lins.

D. N'emploie-t-on pas dans le Nord de l'engrais liquide pour activer la croissance du lin ?

R. Oui, l'engrais liquide que l'on nomme purin, et qui se compose dans ce pays de tourteaux oléagineux pilés et dissous dans l'urine de bestiaux, après qu'il a été étendu d'une grande quantité d'eau et qu'on l'a laissé fermenter plusieurs mois dans des citernes faites pour recevoir les urines des étables, est un des meilleurs dont on puisse faire usage pour le lin ; il ne dispense cependant pas absolument des autres fumures, mais il ajoute sans danger à l'énergie des plantes , et comme on ne le répand que peu de jours avant le semis, il pénètre la terre d'une fraicheur qui favorise la germination , et qui active puissamment la végétation du lin.

D. Dans notre pays, où l'on ne peut se procurer que très difficilement des tourteaux oléagineux, n'avons-nous pas quelques moyens de faire de l'engrais liquide qui puisse remplacer celui des Flamands?

R. Oui, avec des urines d'écurie, étendues d'eau ; avec des arrosemens de noir animal , mais surtout de guano, délayés dans une très grande quantité d'eau pure, on obtiendra de très bons résultats: mais si l'on se sert du guano, il ne faut pas l'employer simultanément avec les urines d'écurie (voyez à l'art. guano).

D. D'après ce que vous venez de dire , il paraitrait que dans les pays où l'on obtient les meilleurs lins, on fume plus la terre à lin que dans le nôtre et on la prépare mieux ?

R. Cela est malheureusement vrai , mais nous arriverons à faire aussi bien que dans le Nord ; car chez nous les fumures et la main-d'œuvre sont à meilleur prix qu'en Flandre. Nous avons dans bien des cantons les engrais et amendemens marins pour suppléer aux autres engrais: nos terres sont bonnes , et déjà nous savons que les Flamands sont venus en Bretagne pour y cultiver le lin , et que la récolte qu'ils y ont obtenue, réduite en filasse d'après les procédés que nous indiquerons au chapitre de la récolte, a été, dès la première année, supérieure en qualité à ce que nous produisons.

D. Quelle est l'époque la plus favorable pour semer le lin?

R. Les semailles de lin de printemps, qui sont les plus usitées en Bretagne, s'y font indifféremment depuis le mois de mars jusqu'au mois de mai ; comme il faut semer le lin par un temps sec et doux, on n'est pas toujours maître: mais il est de principe que plus on sème tard, moins il faut fumer, sans cela le lin croitrait trop vite, la tige serait trop faible et sujette à verser par les pluies et les grands vents.

Dans les terres légères et sèches, on doit semer plus tôt que dans les terres fortes et humides. En semant ces dernières à la mi-mai , les cultivateurs flamands ne mettent que la moitié du dosage ordinaire de leurs engrais liquides ou pulvérulents. Ils disent qu'en ce cas moins le champ est fumé , plus *la matière* du lin est ferme.

En général, en Bretagne, il vaut mieux semer le lin en mars et avril qu'en mai.

D. Pourquoi ne fait-on pas de lin d'hiver en Bretagne ?

R. C'est que dans les cantons à lin les récoltes, surtout celles de racines, sont souvent tardives, et qu'il faut semer le lin d'hiver, comme celui de printemps, après une bonne préparation de la terre. Cependant nous pensons qu'on pourrait chez nous comme en Flandre cultiver les lins d'hiver.

D. Quel avantage en retirerions-nous ?

R. C'est que les lins d'hiver se distinguent des lins d'été non seulement par leur très grande rusticité et la force de leurs filamens, mais encore par la grosseur considérable et la forme arrondie de leurs tiges. Les graines de lin d'hiver sont supérieures aux graines de lin de printemps, les Flamands prétendent qu'elles valent un tiers de plus.

D. Comment doit-on choisir la graine de lin pour semence ?

R. Il est très important de ne semer que de bonnes graines, on les reconnaît à leur grosseur, à leur pesanteur relative, à leur éclat luisant. Si elles n'étaient pas parfaitement mûres (la maturité est la première qualité de toute graine) elles seraient moins brillantes, moins dures, d'une couleur brune nuancée de vert. Les graines de lin qui nous arrivent du Nord sont meilleures que celles que nous avons produit jusqu'à présent, mais elles sont quelquefois trop vertes; nous devrions nous hâter d'en produire de bonnes, ce que l'on obtiendrait facilement avec un peu de soin, et en cultivant des lins d'hiver.

Quoique les graines de lin conservent fort longtemps leurs propriétés germinatives, les plus fraîches sont les meilleures, et passé deux ans on ne doit pas les semer, quelque bien conservées qu'elles paraissent.

D. Comment doit-on semer le lin ?

R. Dans le Nord comme en Bretagne, la méthode la plus ordinaire est de semer le lin à la volée, après un hersage et un roulage, et l'enterrer en hersant de nouveau et ratissant.

D. Combien faut-il de graine de lin pour ensemencer un hectare ?

R. Lorsqu'on cultive le lin pour la filasse, on sème 250 à 300 litres par hectare; en Flandre on en met jusqu'à 78 kil. par 45 ares; même dans de bonnes terres on en met 3 hectolitres par hectare. Lorsqu'on cultive pour la graine, on sème plus clair, on ne met que 100 à 120 litres par hectare, et dans ce cas il faut avoir soin de ne semer que sur une terre bien émiettée et que la graine soit enterrée au râteau pour qu'elle le soit plus également, et ensuite on tasse la terre au rouleau de bois.

D. Doit-on semer le lin seul ?

R. Oui, mais dans une petite culture, comme en Bretagne, on est quelquefois forcé d'augmenter ses produits, et pour ce cas exceptionnel, on peut dans le lin semer du trèfle et des carottes. A cet effet on choisit une belle journée; huit jours après le semis du lin, on passe une herse en bois garnie de branches et d'épines, et qui ne fait qu'égratigner la surface du sol, on sème alors la graine de trèfle ou de carotte sans la recouvrir. En Belgique on répand dans de bonnes terres à lin cinq kilogrammes de graine de trèfle, ou 1 kilogramme 25 grammes de graine de carottes par 45 ares, et si la terre est légère ou sèche, on passe un rouleau en bois pour la tasser.

Dans les terres fortes on ne sème jamais rien avec le lin.

D. Quels sont les soins que l'on doit donner au lin pendant sa végétation?

R. La culture qui suit le semis et précède la récolte du lin se borne à quelques sarclages que les bons cultivateurs ont soin de répéter lorsque la terre est sale ou qu'elle n'est pas assez ameublie. Dans le Nord on le fait biner dix jours après le semis, et on a soin, pour le binage et sarclage, de confier le travail à des femmes assez légères pour ne pas trop fouler le lin lorsqu'elles marchent à deux genoux pour arracher les mauvaises herbes.

Les binages et sarclages du lin doivent se faire par un temps sec et lorsqu'il fait un peu de vent. Les sarcleuses ne doivent avoir ni souliers ni sabots, et travailler le visage tourné contre le vent, parce que, l'ouvrage fini, le vent aide la plante à se relever; c'est à quoi nos cultivateurs bretons ne font pas assez d'attention.

En Flandre, on ne voit point de mauvaises herbes dans le champ lors de l'arrachage du lin, tandis qu'en Bretagne pour arracher le lin on est souvent obligé de le chercher dans la mauvaise herbe, aussi la tige est-elle fréquemment étiolée.

Art. 17. Du chanvre.

D. Y a-t-il plusieurs variétés de chanvre?

R. Oui, mais ceux qui réussissent le mieux en Bretagne sont le chanvre du pays, qui y est très rustique, et le chanvre du Piémont, qui s'élève plus haut, produit davantage, mais dont la filasse n'est pas aussi forte que celle du chanvre indigène.

D. Quelles sont celles de nos terres qui conviennent à la culture du chanvre?

R. Il faut au chanvre de la terre de première qualité, nettoyée dans l'engrais par plusieurs labours préparatoires: aussi ne sème-t-on du chanvre que dans de petits clos nommés chenevières, ou pour utiliser dans les champs les enplacemens de dépôts de funiers, où tout autre plante que le chanvre aurait une végétation trop active.

D. A quelle époque sème-t-on le chanvre ?

R. Aux mêmes époques que le lin de printemps , et on le cultive de la même manière.

D. Combien faut-il de graine de chanvre pour ensemencer un hectare ?

R. Lorsqu'on cultive le chanvre pour la filasse seulement, il faut semer très épais. Dans les terres humides et fortes, huit hectolitres suffisent par hectare ; mais dans les terres légères et sablonneuses il en faut douze. Si on cultive le chanvre pour la graine (et alors on n'a que de la filasse grossière), on sème plus clair : environ 5 hectolitres par hectare dans toutes terres, et lors des sarclages on arrache les plants les plus faibles de manière à ce que ceux qui restent soient espacés de 30 à 36 centimètres.

D. Quels sont les soins d'entretien à donner au chanvre après sa germination ?

R. Dans les chènevières à filasse ; si on a bien préparé et bien fumé la terre (il n'y a pas de succès sans cela), comme les plantes poussent très vite et très dru , elles ont bientôt couvert la terre , et les binages et sarclages sont inutiles ; mais dans les chènevières à graines , il faut donner un binage léger, pour enlever les mauvaises herbes et les plants faibles, dix jours après la germination, et entretenir la terre par des sarclages jusqu'à ce que le chanvre couvre la terre.

De quelques plantes économiques en usage en Bretagne.

D. Quelles sont les autres plantes que l'on cultive en Bretagne ?

R. Les choux-pommes, les courges, les oignons et différentes plantes potagères qui appartiennent à la culture des jardins; le chou cavalier, la chicorée sauvage, le trèfle, la luzerne, le sainfoin, la lupulline, la vesce, le colza fourrage, qui servent à la nourriture des chevaux et des bestiaux, et que pour cela on a appelées plantes fourragères.

Des plantes à fourrage.

D. Comment divise-t-on les plantes fourragères ?

R. En plantes fourragères temporaires et en plantes fourragères permanentes.

D. Quelles sont les plantes fourragères temporaires qui réussissent dans notre pays ?

R. Dans presque toutes les terres de la Bretagne, le chou cavalier, la chicorée sauvage, le colza fourrage, les trèfles,

la lupulline, la vesce, le ray-grass d'Italie, réussissent parfaitement. Dans quelques localités seulement, là où l'on
peut se procurer des sols profonds et de la marne, ou des
engrais calcaires, on cultive la luzerne et le sainfoin avec
succès.

D. Quelles sont les plantes fourragères permanentes qui
végètent bien et prospèrent dans notre pays?

R. Ce sont celles qui composent le gazon de nos prés et
de nos pâturages. On en a compté jusqu'à quarante espèces
dans la même pièce de terre. Malheureusement en Bretagne elles ne sont pas toutes bonnes; les unes sont utiles,
les autres sont insignifiantes, et les autres nuisibles; les
unes sont propres à l'alimentation de tous les animaux
d'écurie et d'étable, les autres ne sont mangées que par
les bestiaux; les unes ne végètent bien que dans les endroits humides, les autres croissent de préférence dans
les endroits secs.

Art. 18. Du chou cavalier.

D. Quel avantage peut-on retirer de la culture du chou
cavalier?

R. De tous les choux à fourrage, le plus répandu en Bretagne, le plus rustique, est le chou cavalier. Bien que cette
plante soit absorbante de fumier, comme tous les crucifères, sa culture est très avantageuse. On place ce chou sur
les revers des fossés dans les labours à larges sillons dans
lesquels on a semé des racines ou des pommes de terre,
lorsqu'on ne sarcle pas avec la houe à cheval, et qu'on ne
butte pas avec la charrue à double versoir. Le chou cavalier
a le précieux avantage de reproduire ses feuilles au fur et
à mesure qu'on les enlève; et de procurer en automne et en
hiver un fourrage vert dont les vaches sont très friandes.

D. Quelle est la culture du chou cavalier?

R. On sème le chou cavalier en août ou septembre dans
une pépinière bien fumée, et on le met en place en mars
ou avril, en le repiquant au plantoir. Il n'a besoin d'aucune culture d'entretien.

Art. 19. De la chicorée sauvage.

D. Dans quelle terre vient la chicorée sauvage et quelle
est sa culture?

R. La chicorée sauvage vient dans les terres fortes comme
dans les terres légères, lorsqu'elles ont été fumées convenablement et préparées par un ou deux labours d'automne.
On sème la chicorée sauvage au printemps et on peut faire

5**

deux coupes dans l'année; mais comme elle ne peut se manger qu'en vert, et qu'elle ne convient, dans notre pays, que pour la nourriture des vaches, il faut retourner la terre après la seconde coupe, et c'est une bonne prépara- tion pour une céréale, car la chicorée, dans sa végétation rapide, couvrant de suite la terre, étouffe les mauvaises herbes qui croissent avec elle.

D. Combien faut-il de semence de chicorée sauvage pour un hectare, et comment la sème-t-on?

R. La chicorée sauvage doit se semer très épais: six à huit kilogrammes de graines suffisent. On la sème rarement en rayon, attendu qu'elle n'a pas besoin de sarclage. Répandue à la volée sur une terre bien ameublie, elle doit être re- couverte par un hersage léger et par un ratissage.

Art. 20. Du colza fourrage.

D. Qu'est-ce que la culture du colza fourrage?

R. C'est une culture dérobée que l'on fait après une récolte de céréale, principalement de froment ou d'orge, dans une terre bien trempée et bien propre, pour avoir en automne une coupe de fourrage vert, lorsqu'on est à court d'autres fourrages.

D. Comment cultive-t-on le colza fourrage?

R. Aussitôt après la récolte de la céréale, on donne à la terre un labour léger et on la nettoie au moyen de plusieurs hersages; ensuite on répand à la volée de la graine de colza que l'on recouvre au rateau.

D. Doit-on faire souvent du colza fourrage?

R. Le moins possible, et seulement dans les cas de néces- sité absolue, non seulement parce que le colza épuise la terre, mais encore parce que cette récolte, qui ne se fait guère que dans le mois de décembre, retarde la culture à faire à la terre pour la récolte suivante.

Art. 21. Du trèfle.

D. Quelle est la meilleure de toutes les plantes fourragè- res temporaires?

R. C'est sans contredit le trèfle commun. On a fait en Bre- tagne des essais du trèfle incarnat, mais sa culture a été abandonnée dans bien des localités, au fur et à mesure que l'on a reconnu l'abus des cultures dérobées, qui est celle du trèfle incarnat, qui n'a qu'une seule coupe de printemps.

D. Quel est le sol qui convient au trèfle commun?

R. Le trèfle se plaît dans les terres fraîches et profondes; les sols légers lui conviennent moins, et pour lui faire ob- tenir une riche végétation dans les terres sablonneuses, on a besoin de les bien tremper à l'avance, et de stimuler cette végétation, en répandant des cendres ou autres engrais pulvérulents lorsque le trèfle commence à pousser au printemps ou après la première coupe.

D. A quelle époque doit-on semer le trèfle en Bretagne?

R. En Bretagne on ne sème le trèfle qu'au printemps, avec de l'orge, du froment, de l'avoine, ou du sarrasin; quelquefois on le répand en mars sur une culture de céréale d'hiver, mais cette méthode ne réussit pas toujours.

D. Combien faut-il de semence de trèfle pour un hectare?

R. Si la graine est bonne, douze à quinze kilogrammes suffisent. Quoique le trèfle tale beaucoup, il vaut mieux semer trop épais que trop clair.

Comment sème-t-on la graine de trèfle?

R. Il faut semer le trèfle à la volée et le plus également possible. Cette graine demande à n'être presque pas enterrée, aussi ne la sème-t-on qu'après avoir recouvert la céréale, et on l'enterre au moyen d'un léger coup de râteau.

Si on répand la graine sur des céréales d'hiver, on la recouvre avec une herse légère en bois, que l'on a garnie d'épines et que l'on met en mouvement au moyen d'un seul cheval ou d'un bœuf.

Art. 24. De la lupuline.

D. Qu'est-ce que la lupuline et quelle est sa culture?

R. La lupuline, qui est une petite luzerne très rustique, croît naturellement dans toutes nos bonnes terres. C'est un excellent fourrage en vert et en sec pour les chevaux et les bestiaux. Il serait à désirer qu'on la cultivât chez nous comme dans les autres provinces de France, là où le trèfle végète médiocrement. La lupuline se cultive comme le trèfle, mais elle ne dure pas autant que lui.

Art. 25. De la vesce.

D. Quelles sont les vesces que l'on cultive en Bretagne?

R. Il y a plusieurs variétés de vesces. On ne cultive en Bretagne que la vesce commune, et on ne l'emploie guère que comme fourrage vert, à moins que l'on ne destine sa graine à la semence, ou à la nourriture des pigeons, qui en sont très friands.

D. A quelle époque sème-t-on la vesce?

R. La vesce commune se sème au printemps dans une terre ameublie et nettoyée; mais cette culture est rarement une préparatoire de terre à froment : ce n'est que lorsque l'on craint de manquer de fourrage que l'on cultive de la vesce;

et alors on ne fume pas pour cette plante. Sa culture est absolument la même que celle du pois champêtre.

Art. 24. Du ray-grass d'Italie.

D. Qu'est-ce que le ray-grass d'Italie?

R. Le ray-grass ou ivraie d'Italie est un gramen qui a l'avantage de croître dans les terrains médiocres et dont la végétation est tellement vigoureuse que l'on peut en obtenir dès la première année deux et même trois fortes coupes d'excellent fourrage vert. Le ray-grass d'Italie dure trois ans, et prospère d'autant mieux qu'on le cultive dans des terrains susceptibles d'être arrosés.

D. Quelles sont celles de nos terres de Bretagne qui conviennent le mieux au ray-grass d'Italie?

R. Évidemment nos meilleures terres et nos terres humides; mais comme notre climat est pluvieux, il s'accommode chez nous de terrains médiocres. Le ray-grass est d'une grande ressource pour les agriculteurs qui défrichent et qui n'ont pas fait à l'avance des prairies naturelles.

D. Comment prépare-t-on la terre pour la culture du ray-grass?

R. Comme pour la terre à orge.

D. A quelle époque sème-t-on le ray-grass?

R. En automne comme au printemps. Cette plante est très rustique et réussit toujours.

D. Combien faut-il de semence de ray-grass pour un hectare?

R. Dans les bonnes terres, quarante kilogrammes de graines suffisent; dans les médiocres il en faut cinquante.

D. Comment sème-t-on le ray-grass?

R. A la volée, après que la terre a été bien nettoyée et bien ameublie. La graine, qui ne demande pas à être enterrée, doit être recouverte au rateau.

Art. 25. De la luzerne.

D. Y a-t-il plusieurs espèces de luzerne?

R. Oui, mais la luzerne commune ou cultivée, et la lupuline, dont nous avons déjà parlé, sont les seules dont on ait sérieusement à s'occuper en agriculture bretonne.

D. Quelles sont les terres qui conviennent à la culture de la luzerne?

R. La luzerne ne réussit que dans les meilleures terres franches, dans les sables gras, les dépôts limonneux bien égouttés, et dans les terres argilo-sablo-marneuses, encore faut-il que ces sols aient une couche arable de 40 à 45 centimètres d'épaisseur; cependant elle vient dans des localités plus arides, quand on peut les amender avec de la marne, quoique l'excès du calcaire lui soit funeste.

D. Quels sont les avantages et les désavantages de la luzerne ?

R. La luzerne est la plus productive des plantes fourragères : une bonne luzernière dure quelquefois plus de dix ans, lorsqu'on a soin de l'entretenir et de la fumer avec des amendemens calcaires et des engrais pulvérulens; mais la luzerne donnée en vert en certaine quantité est dangereuse pour les chevaux et les bestiaux, et une fois la luzernière épuisée, ce n'est que longtemps après, et après avoir régénéré le sol par une culture soignée et régulière, que l'on peut y reproduire de la luzerne.

D. Comment sème-t-on la luzerne ?

R. Sur une céréale de printemps, particulièrement sur l'orge : mais il faut retarder le semis de l'orge jusqu'en avril, car les jeunes plants de luzerne sont très sensibles aux gelées blanches.

D. Combien faut-il de graine de luzerne pour ensemencer un hectare ?

R. Dans notre pays il en faut 25 à 30 kilogrammes, mais il n'y a aucun inconvénient à semer plus épais.

D. Quelles sont les meilleures fumures d'entretien à donner à une luzernière ?

R. D'après les auteurs, on doit fumer les luzernières au commencement du printemps, au moins deux fois pendant sa durée: la marner, ou la plâtrer à petite dose, de deux années l'une, dix jours après la première coupe.

Art. 26. Du sainfoin.

D. Qu'est-ce que le sainfoin ?

R. C'est une plante fourragère temporaire, à peu près dans le genre de la luzerne, mais qui réussit très difficilement dans nos terres et dans notre climat; il produit et dure moins que la luzerne, et se cultive de la même manière.

Des plantes fourragères permanentes.

D. Quelles sont les meilleures plantes de nos prairies et de nos pâturages ?

R. Les meilleures plantes de nos prairies et de nos pâturages sont, dans les graminées :

La houque laineuse ;
Les ivraies vivaces;
Le pâturin des prés et celui des eaux ;
Les féluques;

5***

Les agrostis ;
La fléole des prés ;
La flouve odorante ;
Le fromental ;
Les dactyles ;
Le vulpin ;
Le brome des prés ;
La brise tremblante ;
Et dans les légumineuses :
Les trèfles vivaces ;
Les gesses ;
La lupulline.

Ce sont ces plantes qu'il faut qu'un bon cultivateur connaisse pour les conserver et les propager au besoin.

D. Quelles sont, dans nos prés, les plantes nuisibles les plus communes ?

R. Les plus mauvaises plantes de nos prés, et celles qu'il faut détruire à tout prix, sont :

Les joncs ;
Les carrex ;
La mousse ;
Les boutons d'or et principalement celui d'eau ;
La ciguë ;
La parelle.

Nota. Nous reviendrons sur les plantes fourragères permanentes au chapitre des prairies.

CHAPITRE NEUF.

Des assolemens,

D. Vous nous avez dit, au chapitre des ensemencemens, que l'art de ne donner à la terre que la culture qui lui convient dans son état actuel, afin d'assurer, pour les années suivantes, les récoltes les plus productives possibles sans épuiser le sol, s'appelait assolement : peut-on dans toutes nos terres donner sans interruption une succession de cultures, de manière à ce qu'elles n'aient jamais besoin de repos ?

R. Oui. Les bons cultivateurs et ceux qui savent se créer et se procurer des engrais à bon marché ne laissent jamais leurs terres improductives, bien que le repos, autrement dit la jachère, soit favorable à la culture qui la suit : dans toutes nos terres, avec de l'engrais et en alternant les cultures appropriées aux différens sols, on obtiendra de bons résultats.

D. Pourquoi faut-il alterner les cultures dans un bon assolement?

R. C'est que l'on a observé que, parmi les plantes très utiles que nous cultivons, les unes étaient plus avides d'engrais et épuisaient plus la terre que les autres ; que d'autres apportaient à la terre une espèce d'amendement ; qu'en général les céréales ne viennent bien que dans une terre extrêmement propre, ce que l'on n'obtient en Bretagne qu'après une culture sarclée ; qu'enfin il est certaines plantes qui enlèvent à la terre le suc qui leur convient, et que ce n'est qu'après une période de plusieurs années que ce suc se rétablit dans le sol.

D. D'après ces observations, il faut donc qu'un cultivateur étudie sa terre avant d'arrêter un système d'assolement; mais n'y a-t-il pas quelques règles pour le diriger dans cette étude ?

R. Oui, on connaît aujourd'hui pour les différens sols de notre Bretagne quelles sont à peu près les époques auxquelles on peut reproduire les mêmes plantes dans les mêmes champs.

D. Que faut-il faire pour avoir un bon assolement ?

R. En principe général, 1° il faut faire en sorte, par la succession de diverses cultures, d'avoir toujours sa terre parfaitement propre : aux cultures qui salissent la terre, telles que celles des céréales, il faut faire succéder celles où on détruit les mauvaises herbes par des sarclages et des enfouissages ; 3° il faut, autant que possible, ne pas faire succéder la culture d'une plante épuisante à celle d'une autre plante épuisante, et ne jamais cultiver deux années de suite la même céréale.

D. Quelles sont les plantes les plus épuisantes?

R. Les plantes les plus épuisantes sont : le colza, le chou, le lin, le chanvre, les haricots. Toutes les céréales, et en général les plantes dont les graines sèchent sur pied, sont épuisantes. En première ligne, on cite le froment et l'orge. La carotte, la betterave, le panais, sont moins épuisans que la pomme de terre.

D. Quelles sont les plantes reposantes ?

R. Les cultures considérées comme reposantes et fertilisantes sont celles qui doivent être fauchées avant leur maturité, à l'exception de la luzerne. Nous citerons en première ligne et hors ligne le trèfle ; aussi dans un bon assolement la culture du trèfle est indispensable, mais malheureusement il ne réussit pas dans toutes les terres, et dans celles où il se plaît il n'aime pas à être reproduit trop souvent.

D. Quelle est, en résumé, d'après les auteurs, la meilleure théorie des assolemens ?

7

R. 1° Entretenir le sol dans un état de fertilité constante en employant le moins d'engrais possible ; 2° lui confier, à chaque époque, les plantes à la végétation desquelles il se trouve le mieux en état de fournir ; 3° enfin, empêcher que ces plantes ne soient gênées dans leur croissance par l'envahissement des mauvaises herbes.

D. A quelles cultures conviennent nos terres de Bretagne ?

R. 1°. Nos terres lourdes conviennent à toutes les céréales, excepté au seigle et à l'orge ; à toutes les racines, aux pommes de terre, aux fèves et aux trèfles, aux choux et au colza ; 2° nos terres franches conviennent à tous les produits ; 3° nos terres légères conviennent particulièrement au seigle, à l'avoine, au sarrasin, aux carottes et aux pommes de terre. Les fromens, les orges et les trèfles n'y réussissent qu'avec de l'engrais ou des amendemens.

On conçoit que cette classification n'est pas rigoureusement vraie et que, selon les expositions, la nature des engrais et amendemens, la bonne culture, on pourra, dans telle terre lourde ou légère, faire prospérer tels plants que la nature du terrain n'est pas appelée à produire. Aussi le cultivateur fera bien de faire des essais et de ne tenir qu'au principe général de l'assolement, qui est de faire une culture alterne.

D. Vous nous avez dit qu'on connaissait pour les différens sols les époques auxquelles on peut reproduire les mêmes plantes dans les mêmes champs ; quand, et dans quelles circonstances, après une récolte de froment, peut-on en reproduire de nouveau ?

R. Dans les terres lourdes et franches, il faut au moins un intervalle de deux ans, et faire précéder la culture du froment d'une culture sarclée, d'un sarrasin ou d'un trèfle. Il existe cependant des localités en Bretagne où l'on obtient du froment tous les deux ans, en alternant sa culture avec celle de sarrasin fumé ; mais cet assolement est très dispendieux et par conséquent peu productif.

Dans les terres légères, il faut au moins un intervalle de trois ans avant de cultiver du froment après une production de cette céréale.

D. Quel est l'intervalle que l'on doit mettre pour reproduire de l'avoine ?

R. Dans tous les sols l'avoine peut être cultivée de nouveau après un intervalle de deux ans.

D. Quel est l'intervalle que l'on doit mettre pour reproduire de l'orge ?

R. La culture de l'orge est, en Bretagne, une culture fumée. Pour le produit, elle ne vaut ni celle du froment ni celle de l'avoine, mais c'est le meilleur préparatoire de la terre à trèfle; joignez à cela que l'orge ne vient bien que dans les bonnes terres. Bien que l'on pourrait produire de l'orge après un intervalle de trois ans, il est bien de ne la cultiver qu'avec le trèfle, c'est-à-dire après une période de quatre ans.

D. Quel intervalle doit-on mettre pour reproduire du seigle?

R. Dans tous les sols la culture du seigle peut être reproduite comme celle de l'avoine.

D. Quel est l'intervalle que l'on doit mettre pour reproduire du sarrasin?

R. Dans les terres lourdes et franches, un intervalle d'un an suffit; dans les terres légères, il faut au moins deux ans.

D. Quel est l'intervalle que l'on doit mettre pour reproduire les fèves et les pois champêtres?

R. Dans toutes les terres où l'on peut cultiver ces légumineux, il ne faut les reproduire qu'après un intervalle de trois ans.

D. Quel est l'intervalle que l'on doit mettre pour reproduire le haricot?

R. Ce légume ne se cultivant que dans des terres très riches, il n'y a rien de fixe sur l'époque de sa reproduction; cependant, et nous le répétons, il est prudent de ne pas abuser de la culture du haricot, car elle est très épuisante.

D. Quel est l'intervalle que l'on doit mettre pour reproduire la pomme de terre?

R. Dans toutes nos terres la pomme de terre revient après deux ans d'une culture alterne; cependant il est mieux de ne la reproduire qu'après trois ou quatre ans.

D. Quel est l'intervalle que l'on doit mettre pour reproduire les navets, les betteraves et les rutabagas?

R. Le même que pour les pommes de terre.

D. Quel est l'intervalle que l'on doit mettre pour reproduire la carotte et le panais?

R. Dans toutes les terres où l'on peut cultiver ces racines, il ne faut les reproduire qu'après trois ou quatre ans d'intervalle.

D. Quel est l'intervalle que l'on doit mettre pour reproduire le colza?

R. Au moins cinq ans, à moins de surabondance d'engrais.

D. Quel est l'intervalle que l'on doit mettre pour reproduire le lin?

R. Dans les excellentes terres, trois ou quatre ans; dans les terres ordinaires, au moins cinq ans.

D. Quel est l'intervalle que l'on doit mettre pour reproduire le chanvre?

R. Le chanvre ne vient bien que dans une chenevière où l'on peut, en fumant convenablement, en obtenir tous les ans.

D. Quel intervalle doit-on mettre pour reproduire la chicorée sauvage, la lupulline et la vesce?

R. Deux ou trois ans au plus.

D. Quel intervalle doit-on mettre pour reproduire le trèfle?

R. Dans les bonnes terres, on ne doit cultiver le trèfle que tous les cinq ans; et tous les six ou sept ans dans les médiocres.

D. Combien y a-t-il d'espèces d'assolemens?

R. La science et l'expérience ont créé des assolemens pour tous les besoins, comme pour toutes les terres, et les ont distingués par les surnoms de *biennaux, triennaux, quadriennaux, quinquennaux, sextennaux,* etc., etc., selon l'époque où la même série de culture vient à recommencer. Les assolemens biennaux sont les moins productifs et ceux qui demandent le plus d'engrais: ils consistent à alterner une culture sarclée ou une culture de sarrasin avec une culture de céréale.

D. Donnez-nous un assolement triennal qui convienne à toutes nos terres.

R. Les meilleurs assolemens triennaux jusqu'ici reconnus en Bretagne sont:

1o *Pour les Terres lourdes et franches:*

No 1. 1re Année, Pomme de terre, Racines ou Colza fumé;

2o Année, Froment;

3o Année, Avoine au Palaratre, *ou*

No 2. 1re Année, Avoine avec Trèfle fumé;

2e Année, Trèfle;

3o Année, Froment. A ce dernier succède l'assolement triennal No 1, *ou*

No 3. 1re Année, Pommes de terre ou Racines fumées;

2o Année, Froment ou Orge avec Trèfle;

3o Année, Trèfle. A ce dernier succède l'assolement triennal suivant:

No 4. 1re Année, Froment après Trèfle rompu, sans fumure;

2o Année, Racines fumées ou Lin;

3o Année, Céréale; et l'on revient à l'assolement triennal No 1.

2o *Pour les Terres légères:*

1re Année, Pommes de terre ou Carottes fumées;

2e Année, Sarrasin, Lupulline, Vesce, Chicorée sauvage;

3ᵉ Année, Seigle ou Avoine.

D. Donnez-nous différens assolemens quadriennaux pour nos terres bretonnes.

R. 1° *Pour les Terres lourdes et franches* :

N° 1. 1ʳᵉ Année, Culture sarclée et fumée ;
  2° Année, Avoine avec Trèfle ;
  3° Année, Trèfle ;
  4° Année, Froment avec trèfle rompu, *ou*
N° 2. 1ʳᵉ Année, Orge fumée avec Trèfle ;
  2° Année, Trèfle ;
  3° Année, Pâturage ;
  4° Année, Froment au Palaratre.

2° Pour les terres légères, l'assolement quadriennal avec une seule fumure ne convient pas.

D. Les assolemens triennaux et quadriennaux que vous venez de nous citer ne comportent qu'une seule fumure pendant la rotation ; pourrait-on, sans épuiser la terre, la cultiver avec une seule fumure au-delà de la période de quatre ans ?

R. Non, mais les assolemens quinquennaux, avec fumure entière et demi-fumure intercalée, conviennent à toutes nos terres.

D. Indiquez-nous des assolemens quinquennaux en usage en Bretagne et qui donnent de bons résultats.

R. 1° *Pour les Terres lourdes et franches* :

N° 1. 1ʳᵉ Année, Racines ou Tubercules sarclés et fumés ;
  2° Année, Froment ;
  3° Année, Orge ou Avoine mélangés du Trèfle, avec demi-fumure ;
  4° Année, Trèfle ;
  5° Année, Froment au palaratre,
   ou
N° 2. 1ʳᵉ Année, Orge fumée, avec Trèfle ;
  2° Année, Trèfle ;
  3ᵉ Année, Froment au palaratre ;
  4ᵉ Année, Racines ou Tubercules avec demi-fumure ;
  5° Année, Avoine ;

  2° *Pour les Terres légères* :

N° 3. 1ʳᵉ Année, Pommes de terre, Carottes, Navets, Betteraves, ou Rutabaga, fumés ;
  2° Année, Seigle ou Avoine ;
  3° Année, Sarrasin avec demi-fumure ;
  4° Année, Avoine avec Ray-Grass d'Italie, ou Trèfle ;
  5° Année, Fourrages vert et sec.

7*

D. Donnez-nous d'autres assolemens?

R. Les assolemens sextennaux, septennaux et autres se faisant avec deux ou plusieurs fumures, et étant des composés des précédens, il est inutile de les indiquer, car rarement ils sont suivis d'une manière régulière.

Cependant nous devons citer deux assolemens de neuf ans, l'un pour un pays d'éducation de bestiaux, l'autre pour un pays d'éducation de chevaux, parce que, dans ces localités, ils satisfont parfaitement aux besoins de l'agriculture et de son associée, l'industrie chevaline et bovine.

1° *Assolement de neuf ans dans un pays d'éducation de bestiaux :*

1r° Année, Racines ou Tubercules, la terre étant parfaitement fumée et amendée ;

2e Année, Blé noir avec de la cendre ou charrée ;

3e Année, Froment, Seigle ou Orge ;

4e Année, Avoine avec pâlaratre ;

5e Année, Panais ou Carottes très fumés, ou Betteraves et Rutabagas, repiqués à la charrue avec fumure à chaque plant ;

6e Année, Orge avec Trèfle, demi-fumure ;

7e Année, Trèfle en vert ;

8e Année, Foin de Trèfle ;

9e Année, Pâturage.

2° *Assolement de huit ans dans un pays d'éducation de chevaux, et où il y a de bonnes terres sablo-argileuses couvertes de landes ou de genêts :*

1r° Année, arracher les landes ou les genêts fin avril, défricher à la charrue ou à la tranchée ; après que le gazon est sec, faire passer le rouleau en pierre, la grande herse et même l'extirpateur, pour bien nettoyer la terre de toutes les racines de landes et de genêts ; ensuite donner un labour pour enterrer les débris de gazon ; dans le courant de juin, tremper largement avec des vidanges, des urines, ou des composts où ces deux engrais dominent ; à la fin de juin, donner un dernier labour pour semer du blé noir ; après la récolte de blé noir, tremper bien la terre avec du fumier consommé (celui de ville vaut mieux), et semer en novembre moitié seigle et moitié froment (mistillon) ;

2e Année, récolte du Mistillon et récolte de Froment avec demi-fumure d'étable ;

3e Année, Récolte de Froment et semence, en octobre, d'Avoine d'hiver et de Genêts sans fumure ;

4e Année, Récolte d'Avoine, que l'on coupe à mi-tige à cause des plants de genêts ;

5e Année, Repos, mais il faut exclure les animaux du pâturage ;

6° Année, *Idem* :

7° Année, Diviser au printemps le Genêt en planches pour aérer le sol et faire paître les jeunes chevaux et les jeunes bestiaux, jamais les moutons ;

8° Année, Sarcler les Genêts en mars, et mettre les chevaux et les bestiaux au pâturage ;

9° Année, (Ou 1er de la 2e période) arracher le Genêt et défricher pour recommencer la rotation.

Nota. Cet assolement, employé dans les environs de Brest, donne les meilleurs résultats.

CHAPITRE DIXIÈME.

Des Prairies.

D. De toutes les améliorations agricoles que l'on peut faire en Bretagne, quelle est celle qui doit le plus attirer l'attention du cultivateur ?

R. C'est l'amélioration à donner à nos prairies naturelles.

D. Pourquoi ?

R. Parce que, non seulement, dans un pays d'éducation de chevaux et de bestiaux, et de production de beurre, le fourrage est un besoin premier, mais encore parce que cette amélioration est presque partout facile, en raison de la nature et de la conformation du sol, et qu'elle est d'un résultat prompt, puisque dans trois ans on peut créer une prairie nouvelle, ou la régénérer de manière à couvrir sa dépense et à doubler au moins son produit.

D. Y a-t-il possibilité de faire une grande quantité de bonnes prairies en Bretagne ?

R. Oui, surtout en Basse-Bretagne, où le pays est très accidenté, sillonné de vallons fertiles, et où les fontaines et les cours d'eau sont très communs.

D. Le foin est-il de bonne qualité en Bretagne ?

R. Généralement, non ; cependant nous avons tous les élémens pour en produire et en faire de bons : les meilleurs gramens permanens poussent naturellement dans nos terres, et notre sol, comme sol de pré, est excellent.

D. Quelle est la principale cause de la détérioration des prairies et de la mauvaise qualité du foin en Bretagne ?

R. C'est que, dans bien des localités, le cultivateur ne s'occupant de ses prés naturels que pour les arroser presque toujours à contre-temps et à contre-sens, détériore le gazon et fait produire à ses prés des joncs et des plantes marécageuses, et que, d'un autre côté, le foin est mal fait et mal conservé.

D. Qu'est-il résulté de ces fâcheux antécédens ?

R. C'est que la majeure partie de nos prairies arrosées sont épuisées, c'est-à-dire qu'elles ne contiennent presque plus de plantes nutritives; d'autres parties ont un sous-sol tellement imperméable que, lorsqu'il y a irrégularité dans ce sous-sol, on rencontre même dans les pentes des endroits où l'eau séjourne et qui ne produisent que du jonc ou des plantes marécageuses, de sorte qu'il n'y a d'autre moyen pour réparer les dégâts occasionnés par un arrosement excessif ou un mauvais entretien dans une prairie naturelle, que de la renouveler, c'est-à-dire de la créer de nouveau.

D. Pour créer ou renouveler une prairie, y a-t-il autant de méthodes différentes qu'il y a de sols et d'expositions différens?

R. Non, bien que nos coteaux et nos vallons aient un sol et une exposition variables, ils sont à peu de chose près susceptibles d'une culture uniforme; cependant nous les diviserons en deux classes : 1° les prairies avec arrosement facile; 2° les prairies basses et les terres marécageuses.

Art. 1er. De l'amélioration des Prairies arrosées avec écoulement facile.

D. Combien faut-il de temps pour créer ou renouveler une prairie arrosée?

R. Il faut un travail de trois ans.

D. Quelle est la première opération que doit faire un cultivateur qui veut améliorer ses prairies?

R. C'est non seulement de cesser les arrosemens, mais même de dessécher entièrement le sol du pré qu'il veut renouveler ou créer.

D. Comment dessèche-t-on un sol de pré?

R. La nature et la conformation du terrain doivent diriger le cultivateur dans la direction à donner à ses canaux de dessèchement; il n'y a point de règles générales possibles à donner à ce sujet. Cependant les travaux de dessèchement doivent être faits, autant que faire se peut, dans la partie la plus en pente, et à une profondeur telle, que les canaux partiels dont il sera ci-après parlé puissent en atteindre le fond; il faut que l'arête de ces canaux principaux soit d'une pente uniforme et que cette arête serve de base aux plans inclinés des faces à cultiver; il faut enfin que ces canaux principaux soient au moins d'une largeur de 30 centimètres.

D. Quelle est l'époque la plus favorable pour commencer la création ou le renouvellement d'une prairie?

R. C'est immédiatement après la récolte du foin, et, en effet, outre qu'à cette époque on a sauvé une récolte précieuse, c'est celle où les travaux de la campagne sont suspendus, celle où la terre reçoit le plus d'influence de la belle saison et par conséquent celle où les dessèchemens sont les plus prompts et les plus faciles.

D. Quand la prairie que l'on veut créer ou renouveler a reçu un dessèchement premier, au moyen de canaux principaux percés avec intelligence, quel est le travail à faire?

R. C'est de diviser le terrain en sillons latéraux de quatre à cinq mètres de large, au moyen de canaux partiels dirigés perpendiculairement au canal principal.

La profondeur de ces canaux partiels dépendra de l'épaisseur de la couche végétale et de la pente que l'on veut ou peut donner aux faces latérales du pré; mais il faut que leurs arêtes soient en ligne droite, et viennent aboutir à celle du canal principal d'écoulement.

D. Que doit-on faire ensuite?

R. Ce travail fini (et c'est celui qui demande toute l'attention du cultivateur, car de lui dépend, comme on le verra plus tard, le système d'écoulement et par conséquent d'arrosement de la prairie) on procèdera au dessouchement des mottes, au moyen de la marre (houe à court manche).

D. Que fait-on de ces mottes?

R. Ces mottes ne devant pas être traitées de la même manière, voici comment il faut les classer et les traiter:

1º Celles des endroits trop humides et marécageux doivent être enlevées, ramassées en mulon et placées sur le bord de la prairie pour être répandues plus tard comme amendement.

NOTA. Ces mottes étant long-temps à pourrir et à se décomposer, ce n'est qu'après une période de trois ans, et lorsque l'on sera en mesure d'ensemencer la prairie, que l'on devra les employer.

2º Celles des endroits où la prairie est épuisée ou trop sèche sont destinées à être enfouies lors du premier travail, et ne doivent jamais être brûlées en Bretagne, comme l'indiquent quelques auteurs, non seulement parce qu'en raison de l'humidité de l'atmosphère elles y sèchent difficilement, mais encore parce qu'en les brûlant on se prive d'un engrais précieux.

D. Une fois la prairie marrée, et les mottes des endroits marécageux emmulonnées, que doit-on faire?

R. Le travail que l'on doit faire immédiatement est un travail à la pelle. Ce travail, quoique fort simple, demande la plus grande attention: on enfouit les mottes que l'on n'a pas emmulonnées dans les canaux transversaux, ayant soin de placer les racines en dessus et de manière qu'elles occupent la partie la plus élevée de ces canaux, afin de faciliter le laboureur dans les pentes qu'il aura à donner aux faces latérales de la prairie. Cette opération faite, on divise chaque sillon marré en deux parties égales, et l'on commence à bécher dans la partie la plus élevée, en rejetant constamment la terre de chaque demi-sillon sur les mottes que l'on a distribuées dans les canaux transversaux, de manière à former de nouveaux sillons bombés dont l'arête du milieu ait l'inclinaison que l'on veut donner plus tard à la face de la prairie.

Ce travail à la pelle doit être le plus profond possible et à grosses mottes, et les nouveaux canaux d'écoulement transversaux qui en résultent (qui se trouvent nécessairement dans le milieu des anciens sillons marrés) doivent avoir la même profondeur, à peu près, que ceux qu'on vient de combler, et leurs arêtes doivent, comme celles des précédens, aboutir à l'arête du canal principal d'écoulement, observant bien de donner à ces arêtes la pente que l'on voudrait être celle de tout le sous-sol.

D. Pourquoi fait-on ce travail à grosses mottes ?

R. Pour plusieurs raisons. D'abord il se fait plus promptement, les mottes des parties mouillées étant extrêmement compactes ; ensuite il facilite les écoulemens, et enfin les influences fructifiantes de l'air et du soleil se font sentir sur une plus grande surface.

D. Que doit-on observer en faisant ce travail ?

R. De bien établir la nouvelle carcasse du pré. C'est en le faisant qu'on doit calculer les pentes de manière à donner plus tard aux canaux d'irrigation la direction la plus favorable ; c'est aussi alors qu'on doit diriger avec intelligence les mélanges de terres qui peuvent produire un amendement, placer les chemins de servitude, établir les réservoirs, enfin ébaucher le travail que l'on veut faire.

D. Ce premier labour fini, quand doit-on faire le second ?

R. Il n'y a pas d'époque fixe ; cela dépendra de la température que l'on aura pendant le mois de juillet ; car, pour le second travail, il faut que les mottes soient à peu près sèches ; mais on doit généralement espérer que vers le 1er mars le sol sera suffisamment desséché pour procéder à l'ameublissement de la terre dans les sillons.

D. Comment se fait le second labour ?

R. Ce travail se fait à la tranche (pioche) et le plus profondément possible, de manière cependant à ne pas déranger les sillons et à ne pas atteindre les mottes de gazon que l'on a enfouies dans le milieu.

D. Que doit faire le cultivateur une fois qu'il a ameubli la terre des sillons ?

R. Il aura à décider, d'après l'époque à laquelle il aura terminé cette opération, laquelle des deux racines, de la disette ou du navet, il veut mettre.

D. Quelle est la préférable de ces deux cultures pour les terres de prés?

R. La culture de la betterave est incomparablement la meilleure pour l'amélioration du sol, comme on le verra plus tard. Aussi, si le dessèchement et l'ameublissement de la superficie du terrain de la prairie se font dans le courant de juillet, il ne faut pas hésiter à préférer cette culture à celle du navet.

D. Quel est le fumier qui convient dans les prés créés ou défrichés pour produire de la betterave la première année de la création ou du défrichement?

R. Le fumier à préférer, non seulement pour avoir de meilleurs produits, mais encore pour améliorer le sol, est le fumier frais de vaches; le plus gros est le préférable.

D. Comment plante-t-on la betterave dans les sillons défrichés?

R. On plante la betterave à la pelle, en commençant par le haut du sillon; on fait une petite fosse en travers, dans laquelle on met des plants, et à chaque plant du fumier que l'on recouvre en formant une petite fosse pareille, à la distance de 35 centimètres, dans laquelle on met aussi des plants et du fumier, et on continue ainsi jusqu'au bas du sillon.

Ce travail à la pelle est un peu long, il est vrai, mais il a l'avantage de rectifier ce qu'il peut y avoir de défectueux dans le sillon, et d'ameublir la couche que la tranche n'a pas atteinte dans le travail précédent.

Une fois la betterave plantée, elle ne demande presque plus de soin, un sarclage suffit.

D. Si le travail d'ameublissement des sillons ne peut se faire que dans le mois d'août, comment cultive-t-on le navet la première année dans les prés créés ou défrichés?

R. On répand sur la surface une couche de gros fumier que l'on enterre peu profond, soit à la tranche, soit à la grande marre (petite houe à grand manche); on sème clair à la volée, et on recouvre avec le rateau.

TRAVAIL DE LA SECONDE ANNÉE.

D. Quel est le travail de la seconde année dans les prairies créées ou défrichées?

R. Ce travail est des plus simples: on conserve les mêmes sillons et on leur donne un premier labour à la pelle vers le mois de mars. Si on a planté des betteraves la première année, la seconde on y sème du sarrasin et des navets. Si on a semé des navets la première année, on plante la seconde des betteraves ou des rutabagas, en employant, dans l'un et l'autre cas, le même genre de culture et d'engrais, et en faisant bien attention, en labourant

les sillons; de ne pas atteindre les mottes enfouies la première année, attendu qu'il faut trois ans pour les réduire
en engrais et détruire les racines des plantes nuisibles qui
pousseraient si on les ramenait à la surface.

D. Ne pourrait-on pas cultiver d'autres plantes la seconde année dans les prairies créées ou défrichées?

R. Oui, le rutabaga, au lieu du navet et de la betterave,
et la pomme de terre et la carotte fourragère dans les parties élevées.

TRAVAIL DE LA TROISIÈME ANNÉE.

D. Quel est le travail de la troisième année dans les
prairies créées ou renouvelées?

R. Au commencement de la troisième année, et même
avant la fin de la seconde, si le temps le permet, on donne
à la prairie un premier labour à la pelle, en commençant
par la partie supérieure d'une de ses faces latérales. Ce
labour doit être profond et fait de manière à détruire tous
les sillons et à établir pour toujours la surface du pré : il
demande, par conséquent, de la part du cultivateur, la
plus grande surveillance. Dans ce travail, les mottes enfouies la première année doivent être ramenées à la surface
et mêlées avec la terre; les pentes doivent être bien éta-
blies; l'emplacement des canaux d'irrigation doit être
tracé; l'intelligence du cultivateur et les besoins du terrain
doivent seuls diriger cette opération, que l'on ne peut indiquer que d'une manière générale.

D. Quelle est la culture de la troisième année dans les
prairies créées ou renouvelées?

R. C'est l'ensemencement des gramens permanens qui
doivent à l'avenir composer, en majeure partie, le gazon
de la prairie.

D. Quels sont les engrais et amendemens propres à
donner à l'accroissement de ces plantes tout le développement possible?

R. Les prairies créées ou renouvelées ayant été bien
trempées avec du fumier animal pour les cultures des deux
premières années, un des meilleurs engrais à donner la
troisième est celui qui provient des plantes et racines nuisibles, que l'on extrait dans le cours des années précédentes et dont on fait des composts, soit avec des vidanges,
soit avec des boues, et celui qui provient de la décomposition des mottes et d'herbes marécageuses emmulonnées,
comme nous l'avons dit, lors du premier écobuage de la
prairie. Si on a de ces composts en suffisante quantité
(25 mètres cubes pour 1/2 hectare), on n'aura pas besoin
d'autre engrais; mais si on n'a pu faire de compost, et si
on n'a pas de mottes emmulonnées, on devra, avant de

semer, donner à la prairie une trempe légère (10 mètres cubes par 1/2 hectare) de fumier consommé, ou semer avec des engrais pulvérulens : le guano est le meilleur.

D. Quelles sont les plantes fourragères qu'il faut semer en Bretagne pour avoir un bon ensouchement de prairie?

R. Tous les auteurs qui ont écrit sur l'ensouchement des prairies arrosées ont indiqué d'une manière générale les graminées qui étaient propres à cet ensouchement. Ces graminées sont nombreuses; mais, quoique venant à peu près toutes dans notre pays, elles n'y sont pas toutes d'un égal produit, et leur accroissement, comme leur maturité, n'y arrivent pas aux mêmes époques que dans d'autres parties de la France.

D'un autre côté, il est à remarquer que certaines de ces graminées sont tellement acclimatées à notre sol, qu'elles y repoussent naturellement pendant nombre d'années, malgré les labours et les sarclages les plus soigneux.

Il y a des graminées envahissantes, d'autres qui résistent, d'autres qui succombent à la longue, faute d'entretien. En général, on doit, avant tout, s'attacher aux graminées naturelles au pays, au nombre desquelles il faut classer parmi les meilleures :

1º La hougue laineuse, plante résistante et envahissante ;

2º Les ivraies vivaces,   idem ;

3º Les paturins ou poas des prés et des eaux, extrêmement envahissans ;

4º Les agrostis, persistans et envahissans.

Une prairie ensouchée de ces quatre graminées seulement serait parfaite, en ce sens qu'elle produirait considérablement d'herbes qui mûrissent à peu près ensemble et qui vivent bien en famille.

D. Combien faut-il de graines de ces graminées pour ensoucher un demi-hectare de prairie?

R. Environ 20 kilog., savoir : 7 kilog. hougue laineuse, 7 idem ivraie vivace ou ray-grass, 3 idem paturin, 2 idem agrostis.

D. Ne peut-on pas joindre à ce composé de graines quelques autres graines d'herbes reconnues bonnes dans le pays?

R. Oui, attendu qu'une prairie demande à être semée très épais ; mais il faut éviter, dans les prés qui doivent donner plusieurs récoltes dans l'année, de mêler des plantes qui ne croissent ni ne mûrissent pas ensemble (nous en dirons le motif au chapitre de la récolte). On peut ajouter aux graines ci-dessus désignées pour premier ensouchement d'une prairie arrosée, des graines de féluques, de dactyles, de fromental, de vulpin, toutes indigènes.

D. Quel est le moyen le plus économique d'ensoucher une prairie ?

8

R. C'est d'y semer des graines du foin que l'on ramasse dans les greniers, mais c'est incontestablement le plus mauvais.

D. Comment et à quelle époque sème-t-on les graminées qui doivent former l'ensouchement d'une prairie arrosée ?

R. Après avoir établi la surface du pré, au moyen du travail à la pelle dont nous avons parlé, on répand dessus des composts ou des fumiers consommés, et on les enterre, en mars, par un léger labour à la pelle ; on sème de suite, en ajoutant à la quantité donnée ci-dessus de graines de plantes fourragères 4 kilogr. de graines de trèfle et environ 1 hectolitre d'orge, d'avoine de Hongrie ou d'avoine noire par 1/2 hectare, et on passe dessus le rateau.

D. Les céréales que l'on sème avec les graines de plantes fourragères d'ensouchement font-elles tort aux plantes fourragères qu'on a semées avec elles ?

R. Ces céréales ne font aucun tort aux autres plantes ; au contraire, elles les abritent, et si elles viennent trop dru, on les coupe en vert, et si on a la précaution de ne pas les raser de trop près, on obtient la même année une coupe abondante de regain.

D. Doit-on arroser la prairie l'année qui suit l'ensouchement ?

R. Non ; et comme dans les parties qui ont été mouillées pendant de longues années la terre devient extrêmement meuble par le labour, que l'ensouchement n'y est pas solide, il faut éviter d'y faire paître les bestiaux, non seulement parce que par leur poids ils détruisent la régularité de la surface, mais encore parce qu'ils arrachent quelques plantes de graminées et de trèfle.

D. Une fois la prairie bien ensouchée, quels sont les travaux d'entretien à y faire ?

R. Le principal soin sera de consolider le sol, au moyen du rouleau. Cette opération se fait en février ou mars de l'année qui suit l'ensouchement, et on réitère ce travail après la première coupe.

D. Doit-on fumer les prés créés ou renouvelés ?

R. Oui, tous les quatre ou cinq ans. Les composts dont nous avons parlé plus haut, auxquels on joindra des fumiers courts, sont les meilleurs engrais. Il faut éviter la mauvaise méthode de répandre sur les prés les balles des céréales, qui contiennent toutes plus ou moins de graines de plantes nuisibles.

Des Arrosemens.

D. Quels sont, dans les prairies, les avantages ou les désavantages des arrosemens ?

R. Les arrosemens sont le principal élément de la fécondité des prairies, s'ils sont convenablement dirigés; mais ils sont les causes de leur ruine s'ils sont faits à contre saison, ou s'ils sont prolongés de manière à noyer la prairie.

D. Comment doit-on établir les arrosemens de prairies?

R. On doit les distribuer de manière à en être toujours maître, c'est-à-dire qu'au moyen d'un coup de pelle ou du déplacement d'une ardoise on puisse les faire cesser à l'instant même.

D. Comment doit-on établir les canaux d'irrigation?

R. Dans une prairie que l'on peut arroser en toutes saisons, il faut diriger les canaux d'irrigation et établir les réservoirs de manière à pouvoir répandre toutes les eaux dont on peut disposer sur la plus grande étendue possible, et de manière à ce qu'elles séjournent le moins possible sur la partie arrosée.

D. Les travaux de desséchement et d'irrigation ayant été préparés avec intelligence pendant le travail de renouvellement, de création et d'ensemencement de la prairie, quand et comment doit-on arroser?

R. Le besoin d'arroser la prairie améliorée ne se fera sentir qu'après l'affermissement du sol. On préparera alors ses moyens d'arrosement en nettoyant, dans le courant d'octobre, les canaux de desséchement et d'irrigation, et en essayant, pendant cinq ou six jours seulement, par une belle nuaison, de répandre l'eau sur la prairie, et lorsqu'on sera certain que le système d'arrosement est bien établi, on se hâtera de fermer les travaux d'irrigation, car il ne faut jamais que la gelée trouve l'eau étendue sur les prés.

Aussitôt les gelées passées (dans notre pays vers le mois de février), il faut que le cultivateur surveille l'arrosement, parce qu'à cette époque l'herbe commence à végéter; alors, si le temps est beau, on arrosera pendant huit à dix jours de suite; néanmoins, s'il y a apparence de gelée, on arrêtera l'arrosement pour le recommencer lorsque la gelée sera passée.

Lorsque la prairie aura été arrosée pendant huit à dix jours, on la laissera se ressuyer pendant cinq ou six jours, et on continuera ainsi jusqu'à la fin de mars.

Pendant les mois d'avril et de mai, on n'arrosera que deux ou trois jours de suite, et on laissera le sol se ressuyer cinq ou six jours.

Enfin on doit cesser tout arrosement lorsque l'herbe est assez haute et assez touffue pour couvrir le sol de manière à laisser au soleil peu d'action desséchante sur les racines.

D. Doit-on arroser après la fenaison ou après une coupe d'herbe qui doit être mangée en vert?

R. Oui, on commence les arrosemens par intervalles,

pendant un mois environ, pour faciliter la pousse du regain.

D. Doit-on, chaque année, arroser les prairies de la même manière?

R. Non. L'année où l'on fume la prairie, ce que l'on doit faire à la fin de janvier, on n'arrose que très peu, et seulement en cas de sécheresse.

Art. 2. Des Prairies arrosées avec écoulement difficile, et des Terres marécageuses.

D. Avons-nous dans notre pays une grande quantité de terrains de cette espèce?

R. Oui; mais, bien que leur différence ne soit pas toujours sensible, nous les distinguerons en prairies basses et prairies marécageuses. Les premières sont celles qui longent les ruisseaux et les rivières, et dont le sol, à peu près plat, est quelquefois couvert par les débordemens; les autres sont celles que l'on rencontre dans les plateaux humides, sans écoulement apparent. Ces dernières sont nombreuses, et leur amélioration, quoique plus difficile, doit éveiller l'attention du cultivateur; car si cette amélioration n'est pas aussi fructueuse que celle des prairies arrosées, elle n'en est pas moins avantageuse.

D. Comment améliore-t-on ces sortes de prairies?

R. Le travail préparatoire à cet effet se rapprochant, à quelques modifications près, de celui pour améliorer les prairies arrosées avec écoulement, nous ne ferons qu'indiquer sommairement ces modifications.

Dans ces sortes de prairies, on doit, comme dans les prairies arrosées, s'occuper, avant tout, du desséchement au moyen de canaux profonds, percés avec intelligence dans le cours du mois de juin, de l'endiguement et de l'encaissement des ruisseaux et rivières qui les bordent. Le sol doit aussi être divisé en sillons, être marré et travaillé à la pelle aux époques dites; la seule différence est que les sillons doivent être beaucoup plus larges (de 15 à 20 mètres) et plus élevés que dans les prairies arrosées. Dans les prairies basses, il faut que l'arête supérieure de ces sillons soit dans la partie inférieure au niveau de la plus grande élévation des eaux du ruisseau, et que la pente de cette arête soit la plus inclinée possible. Dans les terres marécageuses, l'arête devra être inclinée de manière à faciliter un écoulement. Dans l'un et l'autre cas, il faut que les sillons soient plus bombés que dans les prairies arrosées, et établis de manière à ne pas être dérangés par les cultures subséquentes.

Le travail de la première et de la seconde années, pour ce qui a rapport aux engrais et aux racines à cultiver, est le même que pour créer et renouveler une prairie arrosée avec écoulement facile, et le travail de la troisième année ne diffère de celui indiqué à l'article précédent qu'en ce que l'on conserve les sillons tels qu'on les a formés d'abord, et que l'on doit ajouter à la semence d'herbes, de l'avoine noire au lieu d'orge, surtout dans les prairies marécageuses.

Si le cultivateur ne trouve pas que la terre de sa prairie soit suffisamment amendée la troisième année, ce qui arrive fréquemment pour les terres marécageuses, il ne devra pas hésiter à faire un labour de quatrième année, et, au moyen d'une fumure légère, il aura une récolte abondante de sarrasin ou de vesce.

Art 2. Du Regazonnement.

D. Qu'appelle-t-on regazonnement?

R. On appelle regazonnement une opération par laquelle on consolide la couche végétale d'un pré, et on la rend unie pour que les eaux n'y séjournent pas.

D. Comment fait-on le regazonnement?

R. Plusieurs années après la création ou le renouvellement d'un pré par le moyen du défoncement, la terre reste meuble, et quelques gramens y pousseraient en touffes inégales et élevées, si on n'avait la précaution de regazonner dans les derniers jours de février, et pour ce faire on commence par donner un fort coup de râteau en fer sur la surface du pré, pour étendre les taupinières et enlever les feuilles mortes; ensuite on fait passer le rouleau en pierre, ou, si l'on n'a pas de rouleau, on se sert d'un pilon en bois (vulgairement nommé dame) pour consolider le sol et détruire les aspérités du pré.

D. Comment fume-t-on un pré ?

R. Après l'avoir regazonné, on répand également dessus des fumiers consommés ou des composts. Ceux dans lesquels il y a des substances calcaires sont les meilleurs.

Observations générales sur l'amélioration des Prairies.

D. Doit-on toujours renouveler un pré quand il est épuisé ou qu'il ne produit plus que des joncs ou des plantes nuisibles ou de mauvaise qualité ?

R. En général, oui ; mais comme le renouvellement d'une prairie prive le cultivateur de foin pendant deux années, si, après un dessèchement fait avec le plus grand soin, on s'aperçoit que le sol du pré est dégagé de ses eaux rouillées, qu'il n'est point tourbeux, que les eaux glissent facilement sur la superficie, il y a un moyen expéditif de détruire les mauvaises herbes et de régénérer un pré dans une seule année : il consiste à étendre sur le pré

8*

une couche épaisse de paille de sarrasin, immédiatement après la récolte de cette céréale ; cette paille, en se pourrissant sur la terre, étouffe les mauvaises herbes et détruit jusqu'à leurs racines, de sorte qu'en retournant la terre du pré en février ou mars, et en enfouissant dans ce labour la paille de sarrasin comme engrais, on peut ensoucher la même année une prairie, en y semant les graminées que nous avons indiquées.

CHAPITRE ONZIÈME.

De la Récolte.

Art. 1er. De la Récolte des Fourrages.

D. Quelles sont les premières récoltes de l'année et comment les divise-t-on ?

R. La première récolte que l'on fait dans l'année est celle des fourrages. Les instrumens du pays pour couper l'herbe (la faux et la faucille) et pour la faner (la fourche et le râteau en bois) étant suffisans et nos cultivateurs y étant habitués, nous n'en désignerons pas d'autres.

La récolte des fourrages se divise comme suit : 1° celle des fourrages verts ; 2° celle du foin des prés naturels, ou de fenaison ; 3° la récolte du trèfle et des prairies artificielles.

§ 1. Des Fourrages verts.

D. Emploie-t-on beaucoup de fourrages verts en Bretagne ?

R. Dans les localités bien cultivées et celles où l'agriculture a fait des progrès, les fourrages verts sont, en été, l'alimentation des chevaux, et, pendant presque toute l'année, celle des bestiaux. Leur abondance est une richesse, mais ils demandent pour leur emploi de grandes précautions.

D. Quelle est l'époque la plus favorable pour couper les fourrages verts ?

R. C'est celle où les fleurs des plantes fourragères commencent à tomber, parce que c'est celle où ces plantes contiennent le plus de substances nutritives, mais ce moment dure trop peu de temps pour qu'on puisse l'attendre. Cependant, excepté dans les fraîches, il faut ne pas se hâter de couper les fourrages verts, et n'y mettre la faux que quand les tiges sont développées et ont un peu de consistance.

D. Quelles sont les précautions à prendre quand on donne du fourrage vert aux animaux ?

R. Tous les animaux sont friands de fourrage vert et le mangent d'autant plus avidement qu'il est plus fraîchement coupé. Cependant il n'y a rien de plus dangereux que de le donner ainsi; aussi les bons agriculteurs ont-ils soin de le laisser ressuyer et se faner sur le pré, si le temps est sec, ou de le mélanger avec de la paille, si on est obligé de le ramasser humide.

De même qu'il est dangereux de donner aux chevaux et aux bestiaux du vert trop frais, il faut bien se garder de les alimenter avec celui qui est dans un commencement de fermentation. Le fourrage vert coupé le matin pour le donner le soir, ou le soir pour le donner le matin, est le meilleur.

D. Comment doit-on couper les fourrages verts?

R. Le plus près possible de la racine.

§ 2. De la Fenaison.

D. De quoi doit s'occuper un bon cultivateur quand vient l'époque de la fenaison?

R. Le défaut qu'ont tous nos prés naturels qui n'ont été ni renouvelés ni améliorés, est d'être composés de végétaux qui n'arrivent pas à leur maturité aux mêmes époques de l'année, et souvent de ne pas produire du foin de même qualité dans le même pré; et comme c'est plus encore sur la qualité du fourrage que sur son abondance que repose la prospérité du cultivateur, il faut qu'il s'occupe de deux choses lorsqu'arrive la récolte du foin :

1° De saisir l'époque la plus convenable pour faucher;

2° De faire en sorte de ne pas mêler les foins de première qualité avec les inférieurs.

D. Quelle est l'époque pour couper les foins?

R. Cette époque varie selon la température de l'année. Dans notre climat pluvieux, on ne peut pas toujours saisir pour la fenaison celle où la majorité des plantes qui composent l'ensouchement du pré est à la fin de la floraison. Nous le répétons, c'est lorsque les gramens fourragers perdent leurs fleurs qu'ils contiennent plus de substances nutritives. Il ne faut jamais couper avant la floraison, parce qu'on a moins de foin, et que, par la dessiccation et la fermentation, il se réduit souvent en poussière, et quand on coupe après, le fourrage perd de sa saveur, de sa couleur et de ses qualités nourrissantes. Ainsi, lorsque l'époque de couper le foin arrive, le cultivateur doit toujours être aux aguets pour saisir une nuaison convenable, et lorsqu'il l'a trouvée, il doit en profiter, toutes affaires cessantes.

D. Pourquoi, dans bien des localités de la Bretagne, laisse-t-on les plantes fourragères mûrir sur pied avant de faire le foin?

R. Parce que l'on croit avoir remarqué que le foin avec

des plantes mûres pèse davantage, et qu'après la fermentation et le tassement qui s'en suit, il y en a une plus grande quantité. Effectivement cela arrive quelquefois, mais on exagère la différence du volume et du poids d'un foin fait à la fin de la floraison à ceux d'un foin fait après maturité : l'expérience a prouvé que 5 kilogrammes du premier foin nourrissent mieux un animal que dix du second, et il se porte mieux avec une bonne nourriture qu'avec une médiocre.

D. Y a-t-il quelques autres motifs qui doivent encore déterminer le bon cultivateur à couper le foin avant la maturité de la majeure partie des plantes qui composent un pré?

R. Oui, il est reconnu en principe que lorsqu'on laisse mûrir une plante sur pied elle épuise plus la terre que lorsqu'on la coupe verte. Sous ce rapport encore, il y a donc avantage à couper le foin avant sa maturité.

D. Ne doit-on pas cependant laisser quelquefois mûrir le foin pour ressemer le pré?

R. L'idée qu'ont quelques cultivateurs qu'en laissant mûrir le foin sur pied il se ressèmera et que le gazon en sera meilleur, est une véritable erreur : nos meilleures plantes fourragères sont vivaces, et elles ne cessent de produire que quand on les épuise ou qu'on les noie ; la semence, en supposant qu'elle repousse dans un terrain épuisé ou noyé, ne donnerait que des productions rabougries ou sans suite.

Si la prairie a besoin d'être ressemée, il faut faire cette opération en février, comme nous l'avons dit au titre du regazonnement, fumer, et semer de bonnes graines en regazonnant.

D. Par quel temps faut-il faucher?

R. Bien qu'il faille s'empresser de couper le foin quand la majorité des bonnes plantes qui le composent sont à la fin de la floraison, il ne faut jamais faucher que par un temps assuré, et lorsque le sol de la prairie est le plus desséché possible, car plus vite le foin est fait, meilleur il est, et il vaut mieux encore laisser le foin mûrir un peu sur pied, que d'être forcé par un mauvais temps de le conserver sur le pré à moitié fané.

D. Quand le temps est beau et sûr, à quelle heure de la journée doit-on commencer à faucher, et comment doit-on faucher?

R. Il faut faucher même avant le lever du soleil (bien que la rosée, qui facilite l'action de la faux, soit contraire à une prompte dessiccation) et couper le plus près possible du sol, parce que la partie la plus fournie des herbes est à la racine, et qu'il y a des herbes excellentes, tel que le petit trèfle vivace, qui ne s'élèvent pas haut.

D. Doit-on laisser le foin coupé reposer en andains sur la terre?

R. Aussitôt le foin fauché, il faut le remuer le plus souvent possible, en l'étendant également sur le pré.

Quand le temps est assuré, c'est une mauvaise méthode que de laisser le foin se ressuyer en andain, et en voici la raison : la sève est aux plantes ce que le sang est au corps humain, elle est en circulation tant que la tige n'est pas morte ou sèche. Cela posé, plus on renferme de sève dans la plante pour la faire coaguler par la dessiccation, plus la plante contient de substances nutritives une fois desséchée; or, en laissant les plantes fourragères en andains, c'est-à-dire penchées vers la terre avec la plaie de la faux à la partie inférieure, on facilite l'écoulement de la sève par cette plaie; tandis qu'en retournant de suite la plante coupée et en l'agitant en l'air, on occasionne une prompte cicatrisation ou dessiccation de la plaie, et on renferme la sève dans la plante.

D. Si le temps devient incertain, doit-on rompre les andains?

R. Quelque avantage qu'il y ait à faire sécher promptement le foin et à rompre de suite les andains pour concentrer la sève dans la plante, si le temps devient incertain et que la pluie survienne, il vaut mieux laisser le foin en andains que de l'étendre, et, en général, pendant tout le temps de la fenaison, il faut autant que possible que la pluie, ou même la rosée, ne trouve pas étendu un foin qui a commencé à sécher.

D. Comment fane-t-on le foin de prairies naturelles?

R. Aussitôt coupé et pendant la première journée, on le remue constamment en l'agitant dans l'air avec des fourches; le soir et avant la rosée, on met en petits mulons le foin qui a commencé à sécher, et, le lendemain, quand la rosée est passée, on rompt les mulons et on fane le plus souvent possible.

Rarement à la fin de la seconde journée le foin est assez sec pour être envoyé à la ferme; mais, sec ou non, il faut le ramasser avant l'humidité du soir, en meules plus grandes que la veille.

Le troisième jour, si le beau temps continue, il faut rompre les mulons comme la veille, aussitôt la rosée levée, et remuer constamment le foin, en l'étendant sur le pré jusqu'à ce qu'il soit sec, ce que l'on reconnaît lorsqu'il n'a plus d'humidité et lorsqu'il crie sous la main en le froissant.

D. Si le temps est incertain et que la pluie surprenne le cultivateur au milieu de sa fenaison, que doit-il faire?

R. Alors il n'y a plus de règles fixes pour faire le foin, il n'y a que des précautions à prendre pour éviter que le mauvais temps surprenne le foin à demi-sec étendu sur le pré, car on ne pourrait pas l'emmulonner sans danger de le voir s'échauffer et se détériorer.

D. Quand faut-il ramasser le foin fait?

R. Aussitôt le foin fait, il faut l'envoyer à la ferme, ou le réunir sur le pré en plus grandes meules possibles, et ne rompre ces meules, pour le ramasser définitivement, que quand il fait bien sec; car si on a eu la précaution de faire de très grands mulons élevés et faits en cône, il n'y aurait, en cas de pluie, que la partie du foin qui serait à la superficie qui perdrait de sa couleur et de sa saveur. Que le foin ait été fait promptement ou qu'il ait été retardé par l'intempérie de la saison, il ne faut jamais le ramasser définitivement que parfaitement sec : du foin trop vert ou du foin humide, mis en masse, fermente, s'échauffe, prend mauvais goût, mauvaise couleur et mauvaise odeur, il répugne aux chevaux et aux bestiaux ; tandis que la fermentation douce qui s'établit dans un foin sec et bien récolté concentre ses émanations, empreint les plantes inodores de la saveur des plantes meilleures, et augmente ses qualités.

§ 3. *De la récolte du Trèfle.*

D. Quelle est l'époque la plus convenable pour faire du foin de trèfle?

R. C'est celle où la plante a pris toute sa croissance et où les fleurs commencent à tomber. Bien que le foin de trèfle soit fibreux et un peu dur, fait à cette époque il se conserve mieux, se fane plus facilement, perd moins de ses feuilles que quand on le fait lorsque la plante est trop jeune.

Le foin de trèfle, dont les chevaux et bestiaux sont très friands, demande, pour le bien faire, des soins coûteux ; mais on est dédommagé de sa dépense par la quantité de substances nutritives qu'il contient quand on réussit à le bien faire.

D. Quelle est la meilleure méthode de faire le foin de trèfle en Bretagne?

R. La meilleure manière de faire le foin de trèfle pour le faner plus facilement est de le couper à la faucille et de l'étendre par poignées lorsqu'il est coupé, comme on étend les céréales. Si on se sert de la faux, il faut qu'elle soit garnie d'un playon ou râteau, de manière qu'en fauchant on puisse, comme dans la récolte des céréales à la faux, déposer le trèfle sur la terre sans déranger le parallélisme des tiges. Il est même à propos d'avoir derrière le faucheur une femme ou un enfant qui régularise les andains, et qui étende le trèfle à plat sur la terre, sans le déranger.

D. Comment fane-t-on le trèfle

R. C'est surtout pour faner le trèfle qu'il faut profiter d'une nuaison sèche et ne jamais le couper qu'après que la rosée est passée, car les feuilles du trèfle étant très larges et le trèfle ne devant pas, comme le foin, être remué de suite, la rosée séjournerait dans la plante coupée et en retarderait la dessiccation.

Les feuilles du trèfle, qui forment la partie la plus substantielle du foin de cette plante, se détachent facilement pendant et surtout après la dessiccation ; il faut donc faire sécher ce foin sans le remuer trop, et comme les tiges du trèfle sont grosses et pleines d'eau de sève, cela n'est pas toujours facile. (Un agriculteur des environs de Morlaix a fait du foin de trèfle excellent en employant le procédé suivant :

Une fois le trèfle coupé et étendu en poignées ou en andains plats sur la terre, on le laisse ainsi jusqu'au lendemain ; le lendemain, on le retourne à la main ou à la fourche, aussitôt la rosée levée, en établissant sur l'autre côté les mêmes poignées ou andains que la veille.

Le surlendemain, après la rosée levée, on dresse le trèfle en petites meules de deux poignées, comme dans la récolte du blé noir, et on le laisse ainsi jusqu'à ce qu'il soit sec. Une fois sec, on le met en bottes longues, de moyenne grosseur (6 kilogrammes à peu près), en plaçant le bas des tiges aux deux extrémités, et en superposant les fleurs les unes sur les autres, ensuite on lie les bottes avec trois liens.

D. Une fois le foin de trèfle bottelé, que doit-on faire ?

R. Ce foin, quoique sec et bottelé, ne doit pas être ramassé de suite ; il faut en faire des meules de 40 à 50 bottes dans le champ, et mettant les bottes debout et les plaçant les unes sur les autres de manière à former un cône élevé, dont on forme la pointe, soit avec de la paille droite, soit avec de la fougère, soit avec du trèfle. On lie cette pointe, mais on a soin de laisser pendre la tige des plantes qui la composent, de manière à former une espèce de toit rond.

Le foin de trèfle ainsi emmulonné ne craint plus la pluie, et comme l'air peut un peu pénétrer dans le mulon, la fermentation à laquelle il est sujet est douce et se fait sans altérer sa qualité.

D. Quand le foin de trèfle a achevé sur le champ sa fermentation, que doit-on faire ?

R. On rompt les mulons par un temps sec et on le ramasse, soit à la ferme dans des greniers, soit à l'extérieur ; mais il est mieux dehors, si on a soin de faire de grandes meules pareilles à celles que l'on a faites dans la prairie artificielle.

D. Quand on ne peut pas faire du foin de trèfle par la méthode que vous venez d'indiquer, comment le fait-on?

R. On pourra le faner comme du foin de prairie, en observant de ne pas le couper et le remuer avant que la rosée soit levée, de ne pas trop le secouer en le séchant, pour ne pas faire tomber les feuilles, et de ne pas le laisser trop long-temps en meules quand il n'est pas sec; car plus qu'aucun autre fourrage il est sujet à s'échauffer et à se détériorer.

D. Ne peut-on pas faire du foin de trèfle par la fermentation de la plante emmulonnée verte?

R. Oui, mais nous ne conseillerons pas d'employer ce procédé dans notre pays, où les beaux jours sont rares et où la plupart des essais qu'on en a faits n'ont pas réussi.

D. Lorsqu'on cultive le trèfle pour la graine, quand et comment le récolte-t-on?

R. Il ne faut le couper que lorsque la graine est parfaitement mûre, ce que l'on reconnaît lorsque la fleur est devenue noire et que la graine qu'elle contient est d'une couleur violacée. Aussitôt le trèfle coupé, on le met debout en petits mulons de deux poignées, comme à la récolte du sarrasin, et l'on attend pour le battre que la tige et la fleur soient parfaitement sèches.

De la conservation des Fourrages secs.

D. Comment conserve-t-on les fourrages secs?

R. Ce n'est pas tout d'avoir fait le foin avec intelligence et soin, il faut encore le loger de manière à ce qu'il conserve les qualités qu'on lui a données par une bonne fenaison.

Rarement, en Bretagne, on loge le foin dans les greniers; ceux qui le placent ainsi doivent éviter le voisinage des animaux dont les émanations se répandent dans le foin, et celui des fumiers et des ateliers qui exhalent de mauvaises odeurs ou de la fumée, car le foin, qui est très poreux, s'empreint très facilement de l'air vicié qui l'entoure et devient désagréable, surtout pour les chevaux, qui sont très délicats.

La méthode, la plus généralement usitée, de ramasser le foin en plein air et en formant des meules, est encore la préférable. En Basse-Bretagne ces meules, en forme de parallélipipède rectangulaire, sont recouvertes d'un toit en paille de froment ou de seigle. Ce procédé est bon, mais le meilleur est de faire les meules rondes autour d'un mâtereau que l'on fixe solidement en terre; ces meules, qui ont la forme d'une tour qui se termine par un toit qui dépasse les parois de la tour, ont le précieux avantage de mieux résister aux grands vents et de conserver le foin excellent jusqu'au dernier morceau, ce qui n'arrive pas toujours dans les meules rectangulaires.

D. Doit-on isoler les meules de foin du sol?

R. Soit qu'on place la meule de foin sur un rectangle, soit qu'on la place sur un cercle, il faut l'isoler de la surface de la terre en mettant dessous des pierres ou des branches d'arbres pour empêcher l'humidité de pénétrer dans la meule.

Art. 2. De la récolte des céréales, autrement dit moisson.

§ 1. De la récolte du Froment.

D. A quelle époque doit-on couper le froment?

R. Depuis long-temps les agronomes éclairés s'occupent de l'époque la plus convenable pour couper le froment : les uns prétendent qu'il faut moissonner cette céréale avant sa parfaite maturité et aussitôt que le grain n'est plus assez tendre pour être écrasé sous les doigts, et à l'appui de cette méthode ils disent :

1º Que, dans les épis trop mûrs, les grains s'échappent et que c'est autant de perdu;

2º Que la paille coupée quand elle est encore verdâtre est meilleure pour la nourriture des animaux;

3º Que le froment coupé prématurément contient moins de son et a meilleure couleur.

D. Y a-t-il danger, dans notre climat pluvieux, à couper le blé encore vert?

R. Oui, 1º parce que, moissonné ainsi, il faut, pour le sécher, le laisser plus long-temps étendu sur le champ ou en javelles et qu'alors les pluies le détériorent;

2º Que, bien que les blés mûrissent à peu près ensemble, il y en a quelques uns qui racornissent en séchant;

3º Que, le blé récolté avant sa maturité ne vaut rien pour la semence;

4º Que, d'après des expériences réitérées, 50 kilog. de nos blés mûrs, analysés en même temps que 50 kilog. des mêmes blés récoltés avant parfaite maturité, ont donné pour résultats que le blé mûr a fourni 1/10 de plus d'amidon, 1/2 plus de gluten, une moitié moins de matière sucrée, trois fois plus de matière gommo-glutineuse, 3/5 de moins de son, et une moitié moins d'humidité, d'où il résulte qu'à poids égal, le blé récolté mûr fournit le meilleur pain et en plus grande quantité que le blé récolté avant parfaite maturité.

D'après ces considérations, les cultivateurs bretons ne doivent jamais couper leur froment prématurément, et lorsqu'ils le destinent à la semence, ils doivent le laisser parfaitement mûrir sur pied.

9

D. Quels sont les instrumens à l'aide desquels nous récoltons nos céréales?

R. Comme pour la récolte du foin, les instrumens du pays, qui sont la faucille et la faux à râteau, sont suffisans et bien à la main de nos cultivateurs. Il n'y aurait aucun avantage à les changer contre de nouvelles machines qui coûtent cher et ne conviendraient peut-être pas à notre pays accidenté.

D. Comment moissonne-t-on le froment en Bretagne?

R. Nous avons en Bretagne deux manières de moissonner le froment, soit à raz de terre, soit à un pied de la racine. La première est évidemment préférable dans une culture alterne, parce qu'elle débarrasse de suite la terre, permet de faire plus tôt un labour préparatoire, et donne, pendant quelques jours du mois d'août, un pâturage excellent pour les bestiaux. Avec l'autre méthode on a, à la vérité, des chaumes propres aux couvertures des habitations rurales, mais l'arrachis de ces chaumes emploie des hommes et du temps, et prive la terre des racines de céréales, qui sont un engrais.

D. Le blé étant coupé, doit-on le laisser sécher sur la terre?

R. Une fois le blé coupé, surtout s'il est arrivé à un degré de maturité suffisant, il ne doit rester sur la terre que le temps nécessaire pour sécher les tiges. On le met alors en gerbes et en meules de différentes formes. Si l'on craint que le blé ne soit pas assez sec, la meule doit être faite en croix de douze gerbes; mais s'il est sec, il ne faut pas hésiter à le ramasser en meules rondes, ayant soin de mettre les épis en dedans et de lier le sommet de la meule, parce que, s'il vient à pleuvoir pendant la moisson, l'épi est à l'abri de la pluie.

D. Comment bat-on le blé en Bretagne?

R. En Bretagne, où toutes nos fermes n'ont pas généralement de granges, et où l'on bat le blé en plein vent, le battage se fait ordinairement, en même temps que la moisson, dans des emplacemens nommés *aires*.

D. Qu'appelle-t-on aire?

R. L'aire est une petite esplanade préparée à l'avance, et choisie près la ferme dans un endroit sec où le soleil chauffe tout le jour. Les meilleures aires sont en pierres plates, mais elles sont trop coûteuses; on les fait ordinairement en terre que l'on recouvre d'un corroi d'argile mou que l'on détrempe en mortier, et qu'on pile quand il commence à sécher, en dansant dessus.

La qualité de l'argile fait le bon corroi; mais si on n'y mêle pas quelques substances tenaces, telles que de la chaux et des bourres, il se fend et se réduit en poussière par l'action du fléau.

En mêlant de la chaux, même en quantité minime (4 hectolitres par 20 mètres carrés) et de la bourre à un corroi de 10 centimètres d'épaisseur, on ferait une aire bien meilleure et qui durerait plus long-temps.

D. Comment conserve-t-on l'aire pendant l'hiver?

R. L'aire doit être couverte de mauvaise paille ou de feuillage immédiatement après la récolte, et n'être découverte que le temps nécessaire pour la bien sécher avant de battre.

D. Quels sont les instrumens à battre les céréales?

R. En Bretagne on ne bat qu'au fléau. Les quelques machines à battre que les riches agriculteurs ont introduites sont encore d'un prix trop élevé pour le commun des agriculteurs bretons ; d'ailleurs elles ont l'inconvénient de n'agir que lentement, et dans un pays où la température est variable, on n'est pas toujours sûr en égrenant avec une machine à battre de ne pas être surpris par la pluie avec une meule de gerbe rompue, ou de pouvoir emmulonner sa paille lorsqu'elle est bien sèche.

Les formes du fléau varient selon les différens cantons de notre pays. Il en est sans doute de préférables à d'autres ; mais outre qu'on n'aime pas à changer un instrument auquel on est habitué dès l'enfance, le résultat de tous les fléaux, quant au rendement, est à peu près le même ; si quelques uns sont plus fatigans que d'autres, l'habitude de s'en servir fait qu'on s'en aperçoit peu. Il n'y a donc pas nécessité absolue de changer un fléau en usage.

D. Comment bat-on le blé en plein vent?

R. Il faut, par un temps sec, l'étendre de bonne heure sur l'aire, que l'on a bien balayée, de manière que les épis soient à la superficie, et battre, autant que possible, lorsque le soleil donne sur l'aire.

D. Quand le blé est battu, que doit-on faire?

R. Il faut s'empresser de le vanner, soit en l'exposant au vent, soit en le passant dans un ventilateur.

Si, après la ventilation, le blé n'est pas suffisamment sec, il faudra l'exposer quelques heures à l'action de l'air et du soleil, en le remuant constamment avec une pelle et en l'étendant avec un râteau.

Il serait, sans doute, préférable de faire sécher à l'ombre dans un grenier bien aéré, mais nos cultivateurs n'ont pas tous cette facilité.

D. Peut-on faire sécher le blé dans sa balle?

R. La méthode usitée de faire sécher le blé dans sa balle et dans sa poussière est vicieuse, parce que, dans l'action de la dessiccation, une partie de l'humidité s'évapore, l'autre se concentre, et que la partie qui se concentre attache la poussière au grain et lui donne une mauvaise couleur et quelquefois une mauvaise odeur.

D. Comment conserve-t-on le blé?

R. Une fois vanné et séché, on le ramasse soit dans des huches, soit dans des greniers, selon le logement; mais dans la première quinzaine on doit éviter de le couvrir et le remuer plusieurs fois.

D. Y a-t-il d'autres méthodes pour conserver le froment?

R. Dans quelques cantons de la Bretagne, on conserve le froment en épis et en grandes meules rondes, d'une année à une autre; on prétend que le grain est meilleur, ce qui n'est pas prouvé. Dans tous les cas, le blé conservé en meules est sujet à être dévoré par les souris et les mulots, qui une fois introduits dans les meules n'en quittent plus et s'y multiplient d'une manière incroyable.

§. 2. *De la récolte de l'Avoine.*

D. Comment se fait la récolte de l'avoine?

R. Dans notre pays, où l'on fait beaucoup d'avoine d'hiver, on la coupe, comme le froment, plus souvent à la faucille qu'à la faux. L'avoine demande à être coupée mûre et à rester quelques jours étendue en javelles sur le champ pour obtenir une parfaite dessiccation; car elle se bat difficilement quand elle est verte, et on a moins de balle, qui est un produit.

Les précautions à prendre pour battre, vanner, sécher et conserver l'avoine, sont les mêmes que pour le froment.

§ 3. *De la récolte du Seigle.*

D. Comment fait-on la récolte du seigle?

R. Le seigle, plus que le froment et l'avoine, peut être moissonné avant son entière maturité. Les opérations de sa récolte sont les mêmes que pour l'avoine.

§ 4. *De la récolte de l'Orge.*

D. Comment se fait la récolte de l'orge?

R. L'orge est de toutes les céréales celle qui demande à être récoltée la plus mûre, et l'on s'aperçoit qu'elle est bonne à couper lorsque les épis tombent. On doit la laisser le moins possible en javelle, parce que, si elle a été coupée un peu trop tôt, ou si elle prend de l'humidité sur la terre, elle perd de sa couleur et de sa qualité pour faire de la bière, qui est, pour l'excédant de la récolte de l'orge, un grand débouché. En outre, l'orge récoltée avant sa parfaite maturité ne vaut rien pour la semence; cependant on est quelquefois obligé de laisser l'orge en javelle lorsqu'elle a été semée avec du trèfle, mais il faut la laisser le moins possible, et la retourner pour hâter sa dessiccation.

Les précautions à prendre pour le battage, le vannage et la conservation de l'orge sont les mêmes que pour le froment.

§ 5. De la récolte du Sarrasin.

D. Comment se fait la récolte du sarrasin?

R. La moisson du sarrasin est, en Bretagne, la dernière récolte de céréales. C'est celle qui est exposée à plus de chances, d'abord parce que les graines du sarrasin ne mûrissent pas toutes ensemble, et qu'étant peu adhérentes à la tige, le vent et l'action du moissonneur les détachent, et ensuite, sa maturité arrivant à l'approche de l'équinoxe, on ne trouve pas toujours un temps propice pour le récolter à point.

Lorsque la majeure partie des graines du sarrasin sont mûres, il faut s'empresser de le couper à la faucille, si le temps est beau, et une fois coupé et étendu en poignées sur le champ, le redresser de suite en petits mulons de deux poignées, en écartant les tiges pour les faire sécher. Malheureusement il est long à sécher; mais comme il n'y a pas d'inconvénient à battre les tiges encore vertes, puisque la paille ne sert guère que pour litière, il faut, si on craint un changement de temps, s'empresser de l'égrainer.

Une fois le sarrasin battu, il faut le débarrasser le plus tôt possible de sa balle, le faire sécher au soleil, et le bien frotter avant de le ramasser.

Le sarrasin s'échauffe et se détériore avec la plus grande facilité. Ramassé, il ne doit jamais être couvert, et il faut le remuer souvent.

Art. 3. De la récolte des plantes textiles et oléagineuses.

§ 1. De la récolte du Lin.

D. A quel signe reconnaît-on que le lin est assez mûr pour l'extraire?

R. La récolte du lin commence lorsque les tiges ont pris une teinte jaune, et que les graines, parfaitement mûres dans les capsules qui ont paru les premières, commencent à prendre une couleur brune. Dans les autres, on doit bien observer ces signes, car si on se presse de tirer le lin, on ne récoltera que peu de graines, et si l'on tarde à le récolter, on perd de la qualité textile du lin.

Si l'on n'a en vue qu'une récolte de graine pour semence, on aura grand soin de la laisser mûrir sur pied; mais alors la filasse que l'on obtiendra sera de moins bonne qualité et perdra de son moelleux; les graines pour semence sont généralement bien mûres lorsque les tiges prennent entièrement une teinte jaune doré.

9*

D. Comment se fait la récolte du lin?

R. Soit qu'on récolte le lin pour la filasse, soit qu'on le récolte pour la semence, on l'arrache par poignée et on en forme de suite des bottes d'environ un demi-mètre de circonférence. En Bretagne, on procède au battage immédiatement après l'extraction. Dans le Nord, on forme avec les javelles des espèces de meules aplaties, en disposant d'abord un premier rang destiné à en soutenir un second moins long que le premier de deux bottes, et ainsi de suite jusqu'à ce que le tas, de l'épaisseur d'une javelle, présente sur ses deux faces latérales la forme d'un triangle régulier. Les meules, ainsi formées, restent sur le champ jusqu'à ce que la graine soit parfaitement mûre.

D. Comment bat-on le lin?

R. Le battage du lin se fait en Bretagne, comme dans le Nord, au moyen d'un grand peigne en fer à deux ou trois rangs de dents, fixé par un chevalet. L'ouvrier prend une poignée de lin du côté des racines, il en fait pénétrer les tiges entre les dents du peigne, et le retire ensuite vers lui jusqu'à ce que les capsules soient tombées.

D. Quand on a extrait la graine de la tige du lin, que doit-on faire?

R. Il faut mettre la graine à sécher au soleil pour la battre ensuite, et s'occuper du rouissage des tiges.

D. Mais n'y a-t-il pas d'autre manière de récolter le lin?

R. Oui, celle des environs de Bergues, et qui nous paraît la préférable; elle consiste, d'abord, à arracher le lin par poignée comme en Bretagne, ensuite à l'étendre sur le champ récolté. On le laisse ainsi étendu pendant quinze jours, ayant soin de le retourner tous les deux jours; ensuite on l'égrenne, on bat la graine de suite, parce qu'elle est bien mûre, et on réunit les tiges en bottes pour les envoyer le plus tôt possible au routoir?

D. Qu'est-ce que le rouissage?

R. C'est une préparation que l'on donne aux plantes textiles, au moyen de l'eau, pour faciliter le tillage de la filasse et en extraire une substance gommo-résineuse, qui, si elle était conservée, la rendrait impropre à faire de bon fil.

D. Quels sont les meilleurs procédés de rouissage?

R. En Bretagne on rouit fort mal le lin; les Flamands et les habitans du Nord, qui font beaucoup mieux, ont plusieurs procédés de rouissage. Les uns à eaux mortes, les autres à eaux courantes; les derniers sont généralement les préférés et ceux qui donnent le meilleur résultat.

D. Donnez-nous quelques détails sur les procédés de rouissage des habitans du Nord?

R. Là où il n'y a pas d'eaux courantes, quelques habitans du Nord croient qu'il est bon de faire le rouissage dans une eau grasse et croupissante, autant que faire se peut, sous un taillis d'aulnes. Long-temps à l'avance, ils nettoient leurs routoirs de manière à les débarrasser des vases et des herbes aquatiques, et ils ne cessent le nettoiement que lorsque l'eau est claire et limpide. Ils choisissent, en général, pour faire le routoir, un terrain aquatique isolé de tout courant d'eau et dans lequel les grandes pluies ne peuvent conduire ni vase, ni sable. Enfin, ils ont pour principe de ne pas rouir deux fois la même année dans le même routoir.

Lorsque les Flamands ne peuvent placer leur routoir à eau morte sous un taillis d'aulnes, ils mêlent des feuilles de ces arbres aux tiges du lin, prétendant que ces feuilles détruisent les insectes et donnent une meilleure couleur à la filasse.

Une fois le routoir préparé, on y transporte le lin, qu'on a lié à petites bottes, et qu'on a laissé suer trois ou quatre jours en meules (voyez la question sur la récolte du lin) et l'on place les bottes perpendiculairement dans l'eau du routoir, la pointe de la tige en haut, parce que la partie supérieure de la tige est toujours la plus difficile à rouir, et que cette partie se trouvant, dans la position indiquée, plus rapprochée de l'air, de l'action du soleil et de la chaleur de l'atmosphère, se rouit plus vite.

Lorsque les Flamands n'ont pas dans leurs routoirs une assez grande profondeur d'eau, ils placent les bottes en biais, mais jamais à plat, et jamais dans le routoir ils ne mettent deux bottes l'une sur l'autre.

Aussitôt le lin placé dans le routoir, on le couvre d'un paillasson en paille, et on le maintient dans l'eau au moyen de pierres.

Le lin reste dans le routoir jusqu'à ce qu'il soit roui : cela varie de sept à dix jours, mais demande beaucoup d'attention et de surveillance, car une fois le lin suffisamment roui, il se détériore dans l'eau d'heure en heure, surtout quand il fait chaud.

On reconnaît que le lin est roui lorsque la filasse se détache de la paille, sans se casser, depuis la racine jusqu'au sommet.

Une fois que le lin est retiré du routoir, les Flamands le laissent debout pendant quelques heures pour faire écouler l'eau, ensuite ils le délient et l'étendent sur un pâturage sec où l'herbe soit la plus courte possible. Si à ce moment il y avait à craindre une forte pluie, ils différeraient de l'étendre, car, dans les premières heures qui suivent l'opération du séchage, le lin est susceptible de se détériorer en recevant une averse.

Dans le Nord, on laisse quelquefois le lin sur le pâturage pendant quinze à seize jours pour le blanchir, en le retournant fréquemment, et on ne le retire pour le mettre en bottes et le ramasser dans la grange que lorsque la filasse commence à se détacher des tiges.

Aux environs de Courtray, et en général sur les bords de la rivière la Lys, les Flamands rouissent le lin à eau courante, et cette méthode a été reconnue être la meilleure de toutes.

Aussitôt que le lin est arraché et dégagé de sa graine, on le pose debout sur le sol, en formant deux rangées de tiges obliquement inclinées l'une vers l'autre : cela s'appelle dans le pays mettre le lin en haie, et cette opération est exécutée avec tant d'adresse, que le lin ainsi rangé se trouve serré et affermi au point de n'avoir à craindre ni la pluie, ni le vent ; ensuite, au bout de huit à dix jours, quand le temps est favorable, si le lin a acquis le degré de sécheresse convenable, on le réunit en bottes de quatre à cinq kilogrammes, on le transporte en grange ou on le met en meules. En août, en octobre, quelquefois même après l'hiver, on apporte le lin à la rivière la Lys pour le faire macérer. On a ménagé à cet effet sur le bord de la rivière, au moyen de pieux ou de perches, des entourages isolés, où l'on pose le lin debout, et où il est retenu ainsi par des bâtons entrelacés de manière qu'il forme au fond de la rivière un tout solide.

Au mois d'août, le lin reste dans la Lys sept à huit jours ; au mois d'octobre, dix à douze ; au mois de mai, neuf ou dix. Là, comme dans les routoirs à eaux dormantes, il faut le surveiller et le retirer de la rivière aussitôt qu'il est suffisamment roui.

Le lin roui dans la Lys est de meilleure qualité que celui roui à eau dormante, et cependant il n'y a ni feuilles d'aulne, ni eaux grasses dans les routoirs de cette rivière. Les Flamands ont remarqué que plus tôt le lin est roui meilleure est la filasse, et que le lin roui étant encore vert est le plus solide de tous.

On emploie pour sécher et blanchir le lin sortant de la Lys les mêmes procédés de séchage que pour ceux sortant des routoirs à eaux dormantes.

D. Peut-on, en Bretagne, employer les mêmes moyens de rouissage qu'en Flandre ?

R Oui. Les ruisseaux et les rivières qui sillonnent la Bretagne ne sont cependant pas tous propres au rouissage du lin à eau courante : ceux dont le cours est trop rapide ou qui charrient des substances ferrugineuses ne valent rien pour rouir, mais on peut suppléer à cet inconvénient, pour les ruisseaux à cours rapide, en creusant des routoirs sur les bords de ces ruisseaux, de manière à ce que l'eau y pénètre et s'en écoule lentement.

Ce serait donc une bonne étude à faire que celle de la qualité des eaux de nos rivières et ruisseaux, pour s'assurer si, comme celle de le rivière la Lys, elles sont propres au rouissage du lin, ce que quelques Flamands qui ont visité la Bretagne affirment; car, excepté l'avantage de pouvoir partout rouir à eau courante, nous avons dans notre pays, les mêmes élémens de prospérité qu'en Flandre et dans le Nord.

D. N'y a-t-il pas d'autres procédés de rouir le lin?

R. M. Duhellès, de Morlaix, en a fait publier un qu'il dit être couronné de succès et qui consiste :

1º A écraser les tiges au moyen d'un battage au fléau, immédiatement après l'extraction de la plante et de celle de la graine ;

2º A réunir les tiges brisées en grosses bottes et à les placer dans le routoir, en couches superposées, la tige placée à plat et en long dans le sens de l'écoulement de l'eau ;

3º A renouveler l'eau du routoir tous les quarante-huit heures, pendant les quatre premiers jours, et, après, lorsque l'eau commence à exhaler une odeur forte ;

4º Et quand le lin est suffisamment roui, ce dont on s'assure comme dans le rouissage ordinaire de la Bretagne, à le faire sécher, sur un pâturage raz, comme dans le pays; à débrouiller les tiges que le battage éparpille, ce qui, d'après l'expérience de M. Duhellès, est un travail qui se fait aisément.

D Les lins étant rouis, quels sont les procédés les plus économiques pour faire de la bonne filasse?

R. Une fois le lin bien roui, blanchi et séché sur le pré, il faut le soumettre à une série de manipulations pour en faire de la bonne filasse : en Bretagne, ces manipulations sont une affaire de temps perdu, aussi ne se font-elles pas d'une manière régulière et soignée, ce qui ne contribue pas peu à augmenter l'étoupe et à faire perdre au lin sa qualité première qui est d'être soyeux et tenace.

Les procédés pour convertir le lin roui en filasse sont : 1º le hallage; 2º le triage, le maillage ou macquage et le broyage ; 3º l'espadage ; 4º enfin, le peignage ou serançage.

D. Qu'est-ce que le hallage du lin?

R. Le lin roui, blanchi et séché doit être laissé en grange ou dans le grenier le plus long-temps possible, et quelque sec qu'il paraisse, il doit, avant d'être broyé, être exposé à une chaleur douce qui lui enlève le reste de l'humidité végétale. Cette opération s'appelle le hallage. Dans le Nord, on halle le lin dans des fours ou au soleil ; la dernière manière, qui est la meilleure, consiste à exposer les bottes de lin deux ou trois jours à l'air vif, ensuite à délier les javelles et à exposer les tiges de lin au soleil, en les appuyant contre des haies, de manière à ce qu'elles soient à peu près debout. Il faut, pour bien haller le lin, sept à huit jours, pendant lesquels on ne le laisse jamais exposé ni à la pluie, ni à la rosée.

D. Qu'est-ce que le triage ?

R. Aussitôt que le lin est hallé, c'est-à-dire bien sec, il faut le trier ; opération qui consiste à passer le lin par poignée dans le peigne à égrenner, de manière à ce que les petites tiges ou celles cassées et mal rouies se séparent des grandes, qui seules peuvent donner des lins de première qualité. Les petites tiges et les tiges brisées ne produisent jamais qu'une filasse peu forte ?

D. Qu'est-ce que le maillage ?

R. Le maillage du lin, qui est la manipulation qui suit le triage, se fait quelquefois en Flandre comme en Bretagne. On facilite l'action de la broie en soumettant le lin au mouillage, qui consiste à battre les poignées de lin dans une auge de pierre avec des maillets de bois dur ; mais en Flandre, le maillet, que l'on nomme battoir, est plat et cannelé en dessous, de sorte que le lin, après le battage, n'est ni brouillé, ni rompu comme chez nous.

D. Quand le maillage prend-il le nom de macquage ?

R. Dans le Nord, on se sert pour donner un premier bris au lin, d'un moulin composé d'un arbre vertical tournant, garni d'une pierre en forme de cône tronqué, mobile sur son axe, et qui roule sur une auge de bois dur cannelé. Ce moulin se nomme, dans certain pays, ribe. L'action de passer le lin sous la ribe se nomme macquage. Le lin macqué sous la ribe conserve toute sa force et se broie avec la plus grande facilité.

En Bretagne, on macque le lin en l'étendant sur une grande route ou sur un sol durci, et on le brise en faisant passer dessus, à plusieurs reprises, des charrettes chargées de pierres et attelées de plusieurs chevaux. Ce macquage, on ne peut plus défectueux, ne contribue pas peu à ôter à notre filasse une des qualités premières, qui est la ténacité, car le passage des charrettes et des chevaux sur les tiges du lin, en cassent et en brouillent une grande quantité.

D. Qu'est-ce que le broyage ?

R. Aussitôt le lin maillé ou macqué, on le soumet à la broie ou braque, qui est dans tous les pays un instrument fort simple, semblable à celui dont nous nous servons.

D. Qu'est-ce que l'espadage ?

R. Quelque soin que l'on mette à bien broyer le lin, il

n'est pas débarrassé de toute sa chenevotte à la sortie de la broie; on est encore obligé, pour obtenir de la filasse grossière que l'on appelle en Basse-Bretagne lin *passelé*, de le soumettre à une manipulation nommée espadage et quelquefois écouchage, qui consiste à frotter le lin broyé, à plusieurs reprises, contre une lame en bois.

Bien que l'espada soit une opération importante et qui exige un ouvrier exercé, que l'espade ou espadon breton soit grossièrement fait, l'espadage se fait dans notre pays aussi bien que partout ailleurs.

D. Qu'est-ce que le peignage ou serançage du lin?

R. Le peignage ou serançage, qui suit l'espadage, est une opération qui demande plus de soins que l'on n'en prend ordinairement en Bretagne, où l'on ne serance qu'avec des peignes en fer assez grossiers, où rarement on divise la filasse en premier et en second brin (ce que l'on fait toujours dans le Nord), et où, pour donner au lin le degré de souplesse et de finesse nécessaires pour en faire du fil de batiste, on ne le soumet jamais à l'action de la brosse. Le serançage, qui, au premier aspect, paraît être une opération fort simple, puisqu'il consiste à passer et repasser plusieurs fois la filasse grossière dans le peigne et la brosse, devrait entrer dans la bonne éducation de nos ménagères bretonnes et être recommandé à toutes les écoles primaires de filles, aux bureaux de bienfaisance, aux hôpitaux, où l'on placerait des peignes et des brosses perfectionnés pour modèles, et des institutrices habituées pour enseigner.

D. Quels sont les moyens de récolter et de conserver de bonnes graines de lin pour semence?

R. Nous l'avons dit et nous le répétons, on ne récolte de bonne semence de lin qu'en cultivant des lins d'hiver, ou d'excellent lin de printemps. Pour ce faire, on prépare un coin de bonne terre en le nettoyant bien, on le fumant largement, en semant très clair du lin de première qualité de Riga ou de Liébau, et en laissant mûrir la graine jusqu'à ce que les tiges soient entièrement jaunes depuis la racine jusqu'à la cime.

Une fois le lin récolté et les capsules dégagées de la tige au moyen du gros peigne, on étend ces capsules sur des draps, pour les bien faire sécher au soleil, en les remuant souvent, et, quand elles sont bien sèches, on les transporte dans des greniers, où on les conserve, sans les enfermer et sans les battre, jusqu'à l'époque de la semaille. Rien ne surpasse le lin de semence que l'on rencontre près de Courtrai et que l'on traite de cette manière.

D. Peut-on ressemer de la même graine pendant plusieurs années dans le même terroir?

R. Quand la graine a bien réussi une année elle est très bonne à être ressemée l'année suivante ; mais au bout de deux ans il faut en faire de nouvelles avec celles du Nord précitées, car les lins de la même provenance ressemés trois fois dans le même terroir deviennent quelquefois branchus, et la graine récoltée sur des tiges branchues est toujours branchue, toujours petite et peu nourrie.

D. Que doit-on conclure du rapprochement et de la comparaison que vous avez fait de la culture du lin et de la première fabrication de la filasse en Bretagne et dans le Nord ?

R. Notre sol valant celui du Nord pour la bonne végétation du lin, les moyens simples employés dans le Nord pour la culture du lin et la fabrication de la filasse sont applicables en Bretagne. Nous pouvons donc faire aussi bien que dans Nord, et probablement à meilleur marché qu'en Flandre, car chez nous la main-d'œuvre n'est pas chère ; d'où l'on doit conclure que nos cultivateurs se prépareraient une source de prospérité locale, si, abandonnant leur routine de culture et surtout de rouissage et de première fabrication de filasse, ils adoptaient les méthodes flamandes qui sont couronnées de succès, en attendant que la science nous ait donné des procédés plus sûrs de rouissage, et que l'industrie nous ait établi des machines qui réduiraient le travail de l'agriculteur à la production du lin en paille, ce qui lui donnerait des résultats plus positifs, plus prompts et moins chanceux.

§ 7. *De la récolte du Chanvre.*

D. Comment se fait la récolte du chanvre ?

R. Le chanvre pousse dans le même champ sous deux formes distinctes : le chanvre mâle et le chanvre femelle. Le second seulement porte des graines. Le chanvre mâle est mûr avant le chanvre femelle ; on l'arrache le premier et lorsque la poussière des fleurs est échappée. Le chanvre femelle s'arrache lorsque la plupart des graines ont acquis assez de consistance pour résister à la pression du doigt.

D. Comment se rouissent les chanvres ?

R. Après en avoir extrait la graine, soit à la main, soit au peigne, les chanvres se rouissent de la même manière que le lin, à eau courante et à eau dormante. Le mâle ne demande au rouissage qu'une immersion de neuf à dix jours, tandis que le femelle doit y séjourner deux jours de plus. Le chanvre demande, encore plus que le lin, à être étendu pendant plusieurs jours sur un pré sec et ras au sortir du routoir, et, autant que le lin, à n'être ramassé que parfaitement sec.

D. Comment extrait-on la filasse des tiges de chanvre ?

R. La manière la plus économique est de le tiller, au temps perdu, à la main ; mais on peut le haller, le mac quer et le broyer comme le lin, et pour avoir de la bonne filasse propre à faire du fil, il faut l'espader et le serancer.

D. Comment obtient-on de la bonne graine de chanvre ?

R. En la laissant mûrir le plus possible sur pied, et une fois extraite de la tige, en la faisant sécher avant de la battre, en la conservant le moins possible en balle et en la mettant dans un endroit sec et aéré, où on la remue souvent, car, comme toutes les graines oléagineuses, elle est très sujette à s'échauffer.

§ 8. *De la récolte du Colza.*

D. Quand et comment se fait la récolte du colza ?

R. Les graines du colza ne mûrissent pas ensemble. Elles s'égrennent quand elles sont mûres, aussi est-on obligé de couper le colza avant sa complète maturité, d'autant que les oiseaux avides de cette graine sont très communs dans notre pays, et attaquent le colza quand le grain est encore vert. C'est dans le courant de juillet que l'on récolte le colza. On le coupe à la faucille, à onze centimètres (4 pouces) de terre, lorsque les tiges de la plante jaunissent et que les graines commencent à noircir ; on l'emmulonne de suite dans le champ, les graines en dedans, pour achever sa maturité, ce qui arrive dans peu de jours, et aussitôt qu'il est mûr en le bat, dans le champ même, sur des draps. Le colza s'égrenant avec la plus grande facilité, le battage n'est ni long ni difficile.

Une fois égrené, on vanne de suite le colza et on ne ramasse la graine que quand elle est bien sèche, en prenant pour la conserver bonne les mêmes précautions que pour la graine de chanvre.

D. Quand le colza est récolté, que doit-on faire dans le champ ?

R. Il faut enlever les racines du colza, qui épuisent la terre, et les réunir à la paille pour les répandre dans les mares, où elles finissent par pourrir et par faire du fumier de dernière qualité.

Art. 4. De la récolte des Racines et des Tubercules.

§ 9. *De la récolte de la Pomme de terre.*

D. A quelle époque doit-on récolter la pomme de terre ?

R. On ne doit récolter la pomme de terre que lorsqu'elle est mûre, sans quoi elle ne se conserve pas, et on reconnaît qu'elle est mûre lorsque les fanes sont sèches. C'est une erreur de croire qu'elle prend de la qualité en la conservant en terre après cette époque ; au contraire, s'il survient des pluies en abondance, elle devient aqueuse et même elle pourrit.

D. Comment récolte-t-on les pommes de terre?

R. Les pommes de terre s'arrachent ordinairement au moyen de la pioche ou du bident. On ne les extrait qu'imparfaitement avec la charrue ; cependant comme cela est beaucoup plus tôt fait et à meilleur marché, il ne faut pas négliger ce moyen quand on manque de bras et qu'on a une charrue à butter. On se sert pour cette opération de la charrue simple ou de la charrue à double versoir, ayant soin de couper et d'enlever les tiges à l'avance.

D. Comment conserve-t-on la pomme de terre une fois extraite?

R. Il ne faut la ramasser que parfaitement sèche, dans un endroit sec et obscur ; l'humidité et la clarté du jour la détériorent. Il faut aussi la mettre à l'abri de la gelée et la couvrir de paille pendant les froids.

D. Que peut-on faire des fanes de pommes de terre après la récolte de ce tubercule?

R. Il faut les ramasser en meule, pour en faire de la litière, dans les cours ou chemins. Mêlées par couches avec du fumier chaud de cheval, les fanes de pommes de terre fermentent et font un excellent engrais.

§ 10. *De la récolte de la Carotte.*

D. Comment se fait la récolte de la carotte?

R. La meilleure manière de cultiver la carotte fourragère est, comme nous l'avons dit, de la semer en ligne. Cette racine, quand elle est mûre, c'est-à-dire rendue à son plus grand développement, est la plus facile à extraire à la charrue : avec un seul cheval et une petite araire on culbute facilement chaque rayon de carotte, et des femmes, avec des bidens ou des tranches, les enlèvent de la raie aussitôt que l'araire a passé. Pour enlever la carotte avec l'araire, il faut couper et enlever les pampres avant de charruer.

D. Comment conserve-t-on la carotte une fois extraite?

R. La carotte extraite et débarrassée de la terre se ramasse en mulon dans un magasin et se conserve sans soin pendant tout l'hiver, si on a la précaution de la placer dans un endroit sec et aéré et de ne pas la laisser geler.

§ 11. *De la récolte du Panais.*

D. Comment se fait la récolte du panais ?

R. Si le panais est semé en ligne, on le récolte comme la carotte avec la charrue, mais avec moins de facilité; s'il est semé à la volée, on l'extrait au bident et on le conserve comme la carotte. Les agriculteurs qui veulent mettre une céréale de printemps après panais, laissent cette racine en terre pendant tout l'hiver et ne l'arrachent qu'au fur et à mesure des besoins. Le panais ne gèle point en terre, mais quelquefois il y pourrit si l'hiver est pluvieux.

§ 12. *De la récolte de la Betterave, du Rutabaga et du Navet.*

D. Comment se fait la récolte de la betterave, du rutabaga et du navet?

R. Ces racines sont si faciles à extraire à la main, et cela est si tôt fait, que c'est, sans contredit, la meilleure manière de les récolter. Aussitôt extraites, on les nettoie, on les décolle et on les ramasse dans un magasin, à l'abri de l'humidité et de la gelée. Les betteraves et les rutabagas se conservent tout l'hiver, et même jusqu'au mois de mai, sans se détériorer; les navets sont moins rustiques, aussi faut-il les consommer les premiers.

§ 13. *De la culture des racines pour avoir des graines de semence, et de la culture des porte-graines.*

D. Pouvons-nous produire de bonnes graines de semence en Bretagne?

R. Dans notre pays, où toutes les racines végètent, même dans les terres médiocres, et où nous sommes laborieux, nous ne devons pas être tributaires des autres provinces de France pour en obtenir des graines, et il est prouvé aujourd'hui qu'en perfectionnant nos cultures, nous aurons même des céréales de semence qui pourront rivaliser avec celles de toutes les contrées du monde. Quant aux semences de navets, de rutabagas, de panais, de carottes et de betteraves, chacun de nous doit s'en fournir à peu de frais, et de bien meilleures que celles que l'on obtient du commerce.

D. Comment doit-on cultiver les porte-graines?

R. Avant l'hiver, un cultivateur intelligent doit préparer sa terre à porte-graines par un labour préparatoire; et, lors de la récolte de ses racines, choisir dans celles de différentes espèces, non les plus grosses, mais les plus saines et les mieux faites, pour leur faire porter des graines.

Ce choix fait, on ramasse précieusement les porte-graines dans un endroit sec, ayant soin de ne couper les feuilles qu'à quelques centimètres de la racine.

Au mois de février, on plante les porte-graines après fumure et on en couvre entièrement les racines, d'abord avec de la terre, de manière à ne laisser que le germe dehors, ensuite avec de la grosse paille pour empêcher les gelées de détruire les germes. Néanmoins, pour les panais et les rutabagas, qui sont plus rustiques, il suffit de couvrir de terre la racine du porte-graine.

D. Comment fait-on la récolte des graines?

R. Lorsque les graines de navets et de rutabagas sont d'un brun noir, on coupe la tige, on la bat et on en fait sécher la graine au soleil, après l'avoir vannée.

Les graines de panais, de carottes et de betteraves, qui ne mûrissent pas en même temps sur le même pied, doivent être récoltées à la main, au fur et à mesure que chaque touffe de fleurs mûrit. Il faut mettre de côté les graines des grosses fleurs, qui sont les meilleures, et ne conserver les autres pour semence qu'autant que les premières soient insuffisantes.

On égrenne de suite les graines de panais et de betteraves; quant à celles de carottes, elles se conservent mieux lorsqu'on les laisse en bouquets pour les égréner à l'époque de la semaille.

En général, toutes les graines doivent être ramassées par un temps sec, et bien nettoyées avant d'être mises en sac.

D. Quelles sont les précautions à prendre pour avoir de bonnes graines?

R. La seule précaution que doit avoir un cultivateur qui récolte ses graines, c'est de ne jamais placer des porte-graines de la même famille et de différentes espèces près les uns des autres, car il obtiendrait avec la graine récoltée des plantes d'une nature mixte, et toute autre que celles qu'il se proposait d'avoir.

CHAPITRE DOUZIÈME.

Des Arbustes fourragers.

D. Quels sont les arbustes fourragers qui croissent naturellement en Bretagne?

R. Nous avons en Bretagne deux arbustes fourragers qui nous deviennent chaque jour plus précieux, en raison de la marche rapide du déboisement; ces arbustes sont l'ajonc épineux, ou lande, et le genêt.

Art. 1er. De la lande.

D. Combien avons-nous en Bretagne de sortes de landes?

R. Nous en avons de deux espèces : la petite lande ou *lande brezonnec* qui vient naturellement, même dans nos plus mauvais terrains, et la grande lande qui lorsqu'elle est cultivée, sert à la nourriture des chevaux et des bestiaux. L'une et l'autre servent au chauffage.

D. Quand et comment sème-t-on la lande?

R. Dans beaucoup de localités on sème la lande avec le

seigle, après écobuage brûlé. Les cantons qui se déboisent la cultivent avec soin sur les fossés de terres sablo-argileuses et argilo-schisteuses, où elle réussit parfaitement et donne, quand elle est jeune, une excellente nourriture aux chevaux et aux bestiaux.

Il n'y a pas d'époque fixe pour semer la lande. On a remarqué que celle semée en mars réussit le mieux; mais on peut la semer toute l'année.

D. Quel entretien doit-on faire à la lande, et à quelle époque la coupe-t-on?

R. La culture de la lande ne demande aucun entretien; elle dure en terre fort long-temps. Si on la destine au chauffage, on la coupe tous les trois ou quatre ans, au mois de mars ou avril, ou après la floraison, parce que ses pousses de mai sont les plus vigoureuses.

D. Quelle est la lande que l'on doit donner pour nourriture aux bestiaux?

R. Généralement la vieille lande ne vaut rien pour la nourriture des bestiaux, elle les échauffe et leur donne de la vermine. On ne doit donner la lande aux animaux domestiques que fraîchement pilée; celle qu'on laisserait fermenter serait très dangereuse.

D. La lande épuise-t-elle la terre?

R. Non, et même pour certains sols compactes, c'est une jachère convenable.

Art. 2. Du Genêt.

D. Quelle espèce de genêt convient à nos terres bretonnes?

R. Le genêt à balai, qui s'élève quelquefois à la hauteur de quatre à cinq mètres. Ses pampres ne conviennent qu'à la nourriture des moutons; séchés, ils font de bonnes couvertures de maison, et mêlés dans les engrais ils leur donnent de l'activité, surtout pour les terres lourdes.

D. Comment cultive-t-on le genêt?

R. La culture du genêt entre dans l'assolement propre à l'éducation des chevaux. On le sème soit avec le seigle, soit avec l'avoine d'hiver, et au bout de trois ans la genêtière peut être paccagée avec avantage, car l'herbe pousse parfaitement sous le genêt et y conserve sa saveur.

D. Combien faut-il de graine de genêt et de lande pour ensemencer un hectare?

R. Cinq ou six litres suffisent. Lorsqu'on veut laisser le genêt croître pour en faire du chauffage ou des perches à palissade, on le divise en planches dans les allées desquelles les bestiaux trouvent un pâturage abondant et où ils se plaisent d'autant plus qu'en été ils y trouvent de la fraîcheur et de l'ombre.

10*

D. La culture du genêt est-elle utile?

R. Le genêt, comme la lande, remplace le bois de chauffage : ni l'un ni l'autre ne fatiguent la terre, ils la nettoient et l'ameublissent.

CHAPITRE TREIZIÈME.
Des Animaux domestiques.
Art. 1er. Des Chevaux.

D. Quelles sont les qualités que doit avoir une bonne écurie rurale à chevaux?

R. Il faut qu'elle soit placée dans un endroit sec et bien aéré, qu'elle ait au moins 4 mètres de hauteur, et que son étendue soit telle qu'indépendamment du couloir de service, chaque cheval soit placé dans une loge séparée de 1 mètre 66 cent. de large sur 3 mètres 33 cent. de long, afin qu'il puisse se coucher et prendre ses repas sans gêne; il faut que l'écurie soit plafonnée en bourre ou en planches, parce que la poussière est nuisible à l'alimentation et à la vue des chevaux, et que le sol soit solide, imperméable et légèrement incliné sous les animaux pour permettre l'écoulement des urines.

Le pavage en menu grès ou la terre battue vaut mieux sous les chevaux que le grand payage, où ils glissent ; les aspérités dans un sol dur fatiguent le cheval et lui donnent des défauts.

D. Les écuries de Bretagne étant généralement défectueuses, surtout en Basse-Bretagne, qui est un pays de production, et le cultivateur éleveur étant généralement pauvre, ne pourrait-on pas, par des moyens économiques, rendre les écuries basses-brettes moins mauvaises ?

R. Oui, en refaisant le sol en menu grès ou avec de l'argile pilée ; en chiquetant l'intérieur des murs avec de l'argile et un vingtième de chaux et les blanchissant au lait de chaux; en faisant des râteliers et des auges et les plaçant comme il sera dit ci-après ; en donnant de l'air aux écuries ; et, si elles sont trop basses pour recevoir un plafond, en faisant, après l'août, un paillasson dont on revêtirait l'intérieur de la couverture en genêt pour empêcher la poussière de tomber. La dépense d'une pareille réparation pour une écurie de quatre chevaux s'éleverait à peine à 40 francs.

D. Comment un cheval doit-il être placé dans l'écurie?

R. Chaque cheval doit avoir dans sa loge séparée son auge et son râtelier. L'auge doit être placée contre le mur à 1 mètre 10 cent. de haut ; le râtelier doit commencer à 8 cent. au dessus du bord de l'auge. Il serait à désirer que les auges fussent volantes, pour être nettoyées plus facilement tous les jours.

D. Qu'est-ce qui contribue le plus à entretenir le cheval en bon état de santé?

R. C'est la propreté et le pansage. Le cultivateur breton qui ne peut pas donner à ses écuries toutes les qualités requises doit les tenir parfaitement propres, les nettoyer dès le grand matin, et ne jamais laisser de litière que sous les chevaux fatigués ou malades.

D. Comment doit-on panser un cheval?

R. Le cheval de travail doit être pansé tous les matins, et dehors plutôt que dans l'écurie; il faut l'étriller à fond, le brosser, le peigner et lui laver l'extrémité des jambes; et chaque fois qu'il revient du travail, le frotter fortement partout, mais principalement sous le ventre, sur les jambes et les cuisses, avec un bouchon de paille. En été, il faut baigner souvent les chevaux. Les jumens poulinières et les poulains demandent les mêmes soins.

D. A quelle heure faut-il donner à manger et à boire aux chevaux?

R. Autant que possible aux mêmes heures, et trois fois par jour seulement, quand ils sont au sec; quand ils sont au vert, et surtout quand ils mangent du trèfle, il faut donner peu à la fois et souvent.

D. Quelle est l'alimentation d'un cheval breton de travail?

R. L'alimentation habituelle du cheval breton est, en hiver, la paille, le foin, le son, les racines, la pomme de terre: rarement on lui donne de l'avoine. En été, on le nourrit au vert seulement.

Les pailles de froment et d'orge conviennent seules aux chevaux. La ration d'hiver est 12 kilogrammes paille, 7 kilogrammes et demi panais, carottes ou rutabaga, 2 kilogrammes son, ou 8 kilogrammes paille, 4 kilogrammes foin, 7 kilogrammes et demi racines ou pommes de terre cuites. Si on donne de l'avoine au lieu de racines, 5 kilogrammes par jour suffisent.

La nourriture d'été est de 40 kilogrammes de vert pour chaque cheval. Cette quantité varie selon la taille et l'appétit de l'animal; mais, nous le répétons, on ne doit mettre un cheval au vert que progressivement.

D. Doit-on faire travailler les jumens pleines?

R. Les jumens pleines doivent être ménagées pendant tout le temps de leur gestation, et ne doivent plus travailler un mois avant de mettre bas. A cette époque, il est bon de les mener au pâturage quand il fait beau.

D. Quels sont les soins à donner au poulain?

R. Dès que le poulain vient au monde, il faut lui donner des soins: d'abord, le saupoudrer de farine d'orge et de gros sel, pour engager la mère à le lécher; le présenter au pis. Il faut aussi tenir la jument chaudement pendant trois ou quatre jours, la nourrir au sec, et lui donner dans sa boisson du son et de l'orge moulue.

Pendant tout le temps de l'allaitement, le poulain ne doit pas quitter sa mère. Les pâturages de printemps sont favorables à la jument, et le grand air, pourvu qu'il ne soit pas humide, fait développer les formes du poulain.

D. A quelle époque doit-on sevrer les poulains?

R. On ne devrait pas sevrer un poulain avant six mois, ni le faire travailler avant deux ans et demi, si c'est un cheval de trait, et avant trois ans et demi si c'est un carrossier, et encore à cette époque il ne faut l'atteler que quelques heures par jour, ne le monter que le moins possible, et jamais ni le fatiguer ni le charger sur le dos.

D. Pendant l'éducation d'un poulain, quelles sont les précautions à prendre?

R. On ne saurait trop recommander aux éleveurs de ne pas tenir long-temps leurs poulains dans l'écurie dans le but de les engraisser. Indépendamment de ce que cet usage (malheureusement trop répandu en Bretagne) paralyse leur développement, il est très pernicieux à leurs membres qui s'engorgent et deviennent bouletés. En mettant, au contraire, le plus souvent possible les poulains à la pâture en liberté, ils prennent de l'accroissement, se développent mieux, s'affermissent sur leurs jambes et les conservent parfaitement saines, surtout si on évite pour eux les paccages humides; car à la saineté des membres il est facile de distinguer les chevaux élevés dans les terrains secs ou sur les montagnes de ceux élevés dans les endroits marécageux ou dans les pâturages mouillés, auxquels il survient souvent des crevasses, des peignes et des eaux aux jambes. Nos poulains, quand ils proviennent d'un bon étalon et d'une jument sans tares, naissent, pour la plupart, sans défauts essentiels; ce sont les mauvaises écuries, ou le manque de soins et de précautions qui les leur donnent.

Art. 2. De la race Bovine.

D. Quelles sont les qualités d'une bonne étable à vaches?

R. Elle doit être vaste, chaude en hiver, fraîche en été. Dans une température trop chaude, les bestiaux ne mangent pas assez; quand elle est froide, ils mangent trop avidement et ne profitent pas : c'est pour cela qu'il faut pouvoir, dans l'étable, établir des courans d'air, au moyen de soupiraux que l'on ouvre et ferme à volonté, sans jamais cependant laisser long-temps le bétail sous l'influence du courant d'air.

Les bêtes à cornes aiment la clarté, il faut que le jour pénètre dans l'étable.

L'étable doit avoir 2 mètres 60 centimètres au moins de haut. Chaque pièce de bétail doit y être séparée dans une case de 1 mètre et demi de large sur 2 mètres et demi de long.

Les murs et les plafonds de l'étable doivent être enduits à la chaux, ou au moins blanchis. S'il n'y a pas de plafonds, il faut revêtir l'intérieur de couvertures en genêts avec des paillassons : rien n'est plus contraire au bétail, que la poussière et les toiles d'araignées.

D. Comment doit-on placer les bestiaux dans l'étable ?

R. La meilleure manière de placer les bestiaux dans l'étable est de les mettre vis-à-vis les uns des autres, en leur donnant un râtelier double commun et des auges volantes encaissées dans des madriers.

D. Comment doit être le fond de l'étable ?

R. Le fond de l'étable doit être dur, imperméable et en pente douce ; les meilleurs sont en planches de sapin.

D. Généralement il en est de nos étables comme de nos écuries, il y en a peu de bonnes, elles sont presque toutes trop petites, pas assez aérées ni éclairées ; les reconstruire occasionnerait des dépenses énormes ; ne peut-on pas, en attendant leur reconstruction, leur donner quelques améliorations ?

R. Oui, et même à peu de frais, par exemple, en refaisant le fond en argile pilé ou en menus grès, en enduisant et blanchissant les murs intérieurs, en établissant des auges et des râteliers, en revêtissant l'intérieur de couvertures en gleds avec des paillassons ; mais surtout en aérant, en mettant des volets aux ouvertures et en faisant des jours à coulisses aux portes. Pour moins de 24 francs, on peut mettre une étable bretonne de quatre vaches en bon état d'hygiène vétérinaire.

D. La race bovine bretonne est-elle bonne ?

R. Oui, c'est une des meilleures qui existent au monde, surtout pour la qualité de la viande et les produits laitiers. Les bœufs de travail, quoique de petite taille, sont vigoureux et généralement plus lestes que ceux des autres contrées de la France.

D. Comment doit-on choisir les bonnes vaches laitières bretonnes ?

R. Les bonnes laitières étant ordinairement les mieux faites, il faut les chercher dans celles qui ont la tête légère, l'œil grand et vif, le cou court et large, qui sont bien ouvertes de l'avant et surtout de l'arrière, qui ont le ventre volumineux, les jambes courtes et sèches, les hanches larges et saillantes, les mamelles plutôt larges que longues, sans être charnues, ayant des pis bien développés, la côte arrondie, le poil lisse et la peau souple.

Nos cultivateurs pensent qu'une vache est laitière et bonne pour le beurre lorsque la peau de la queue est, sous le poil, d'une couleur jaune foncé et recouverte d'une espèce de son, et que la partie de la peau depuis la vulve jusqu'à la mamelle est très souple sans être flasque.

M. Guénon, de Bordeaux, donne sur cette partie de la peau des vaches laitières des renseignemens que l'on peut appliquer en Bretagne, où les vaches qu'il appelle *flandrines* ne sont pas rares et sont généralement bonnes.

D. Quels sont les soins à donner aux bestiaux ?

R. Le bétail demande beaucoup plus de soins, de propreté que l'on ne le croit dans notre pays : il est à propos de l'étriller une fois par jour, et de ne le laisser sur la litière que quand il est malade. Cette litière doit toujours être propre.

Les bœufs et les vaches ont besoin, comme les chevaux, d'être baignés quelquefois en été.

D. Doit-on tenir les bestiaux à l'étable ?

R. Dans notre pays, surtout dans les cantons où l'on élève beaucoup de bétail, qui sont ceux les moins cultivés et où il y a plus de pâturages, on tient les bestiaux à l'étable le moins possible. Cependant si l'on calculait la perte du fumier et l'avantage de cultiver avec l'engrais perdu certaines bonnes terres qu'on laisse en friche pour les faire paître, on se déciderait à changer le système de nourriture de ses bestiaux, et à laisser à l'étable ceux d'entre eux qui n'ont pas besoin de prendre l'air souvent.

D. Comment doit-on nourrir les bestiaux ?

R. Les bestiaux doivent être nourris d'après le produit présumable que l'on en peut retirer. Nous diviserons cette nourriture en trois classes : 1° nourriture des bœufs de travaux, des taureaux et des vaches laitières ; 2° nourriture des bestiaux à l'engrais ; 3° nourriture des élèves.

D. Quelle est la nourriture des bœufs de travaux, des taureaux et des vaches laitières ?

R. La nourriture de ces animaux doit être saine, abondante et d'un dosage uniforme. Les bestiaux étant destinés à manger une quantité d'alimens que l'on est obligé de produire dans un bon assolement, le cultivateur intelligent doit s'arranger de manière que, hiver comme été, ses bestiaux aient, chaque jour, ou du vert ou des racines. Lorsqu'ils ont du vert en suffisante quantité, on ne leur donne pas autre chose, et on proportionne la ration à l'étable à la nature du pâturage où on les met pendant le jour. Si on les garde à l'étable toute la journée, il faut à un bœuf, à un taureau ou à une vache laitière, de 35 à 40 kilogrammes de vert par jour. S'il n'y a pas ou s'il n'y a que peu de vert, on nourrit ses bestiaux avec de la paille d'avoine, du foin, des racines, ayant soin de varier, pour les vaches laitières, les repas de racines, et de ne pas leur donner constamment soit des betteraves, soit des navets, qui gâtent le goût du lait.

La ration d'hiver à l'étable d'un bœuf de travail, d'un taureau ou d'une vache laitière, peut se composer de : 1º 10 kilogrammes paille d'avoine, 2º 5 kilogrammes foin, 3º 8 kilogrammes racines ou pommes de terre. Aussitôt qu'il fait froid, il faut chauffer la boisson des vaches laitières, et y mêler des lavures ou du son.

D. A quelles heures faut-il donner à manger aux bestiaux ?

R. Trois fois par jour et aux mêmes heures. Cette règle souffre des exceptions en été et lorsque les bestiaux sont nourris au pâturage.

D. Comment engraisse-t-on les bestiaux en Bretagne ?

R. Dans notre pays, où nous n'avons pas encore d'herbages comme en Normandie, nous engraissons nos bestiaux à l'étable.

D. Quels sont la nourriture et les soins qu'il faut donner à un bœuf pour l'engraisser à l'étable ?

R. Bien que les racines et les pommes de terre soient propres à l'engraissement des bestiaux, il ne faut pas qu'elles forment plus de la moitié de leur nourriture, et il vaut mieux les employer cuites que crues. Les féveroles, les pois et les vesces cuites sont bonnes aussi pour l'engraissement ; mais un des meilleurs alimens est la pomme de terre cuite mêlée avec du foin haché.

Des bœufs se sont engraissés promptement avec la ration suivante : 10 kilogrammes racines, 10 kilogrammes foin, 6 kilogrammes orge moulue.

Pour les bestiaux à l'engrais, il faut redoubler de soins dans le pansage et les tenir toujours en litière fraîche.

D. Comment engraisse-t-on les vaches ?

R. L'engraissement des vaches est à peu près le même que celui des bœufs. Dans les contrées où on les châtre elles engraissent plus vite ; mais cette opération n'est pas toujours sans danger, surtout chez les vieilles vaches.

D. Quels sont les soins à donner à la vache pendant le temps de la gestation ?

R. Il n'y a rien à changer à son régime. Aussitôt qu'elle a mis bas, il faut la mettre au sec pendant quelques jours, et lui donner à boire chaud.

Si l'on veut élever le veau, il faut lui consacrer tout le lait de la vache pendant un mois, si c'est une génisse, et pendant quatre ou cinq mois si c'est un taurillon destiné à la reproduction, et ensuite lui en donner mêlé avec de l'eau et de la farine, jusqu'à ce qu'il puisse commencer à paître. Les veaux négligés dans leur jeunesse ne donnent jamais que des animaux rabougris.

D. A quelle époque doit-on faire saillir les génisses ?

R. La génisse ne devrait pas être saillie avant trois ans. Si on la fait saillir plus tôt, ce qui arrive souvent en Basse-Bretagne, on arrête la croissance de la vache, ce qui cependant ne l'empêche pas toujours d'être laitière.

D. A quel âge doit-on consacrer le taureau à la monte ?

R. Jamais avant deux ans révolus; et la première année de saillie on ne doit lui donner qu'une vingtaine de vaches.

Art. 3. Du Porc.

D. Quelles sont les qualités d'un bon porc ?

R. 1º D'avoir la poitrine large et d'être ouvert de l'arrière ; 2º d'avoir des os petits et de gros muscles ; 3º d'avoir la peau fine. Il faut choisir ainsi surtout les mâles et les femelles destinés à la reproduction.

D. Doit-on tenir les cochons dans la porcherie ?

R. Il serait à désirer que, dans chacune de nos fermes, on eût une porcherie fermée, dans laquelle les porcs trouveraient une cour et de l'eau, car on ne doit les tenir constamment enfermés que quand ils sont à la fin de l'engrais, sous peine de les voir dépérir ou devenir ladres ; et quand on les laisse vaguer ils font beaucoup de dégât et sont dangereux pour les enfans.

D. Quelle est la nourriture des porcs ?

R. Les porcs étant destinés à manger tous les débris de la ferme, il n'y a rien de fixe à cet égard. Quand on les met à l'engrais, les racines et les pommes de terre cuites, le trèfle vert, l'orge moulue, hâtent l'engraissement. Il faut stimuler l'appétit des porcs à l'engrais, en variant leurs alimens.

D. Quels soins doit-on donner aux truies pendant le temps de la gestation ?

R. Elles doivent être séparées des autres cochons, surtout des mâles, parce qu'elles sont sujettes à avorter si elles sont fatiguées par les jeux de leurs compagnons. On doit leur donner, pendant ce temps, des alimens plus abondans et plus nourrissans.

D. Quels soins doit-on donner aux porcelets ?

R. Pendant les quinze premiers jours, on ne donne aux porcelets que le lait de leur mère, ensuite on leur donne du lait mêlé avec de la farine, et on les laisse téter pendant deux mois. Après le sevrage, ils demandent des soins particuliers pour hâter le développement de leurs formes. Ceux que l'on destine à l'engrais doivent être châtrés à trois mois.

D. Quels soins d'entretien doit-on donner aux cochons?

R. Le porc, plus qu'un autre animal, demande dans la crèche la plus grande propreté : il faut lui changer de litière une fois par jour, et même deux fois quand il est à l'engrais, sa mangeoire (qui est ordinairement en pierre) doit être souvent lavée et nettoyée.

Il est important de faire paître les cochons adultes, mais si l'on n'a pas de pâturages, il faut les promener au moins deux heures par jour.

Art. 4. Du Mouton et de la Chèvre.

D. Doit-on élever des moutons et des chèvres en Bretagne ?

R. Oui, dans les endroits élevés à grands pâturages maigres ; mais les moutons et les chèvres ne sont pas un accessoire obligé de la plupart des fermes bretonnes, surtout dans celle où l'on utilise toutes les terres par la culture alterne : là, ces animaux sont plutôt nuisibles qu'utiles, car si on les livre à eux-mêmes, ils broutent les fossés et les bourgeons, et après le mouton et la chèvre rien ne repousse.

Cependant, et pour ne pas répudier une chose nécessaire dans bien des localités et dont les produits sont justement appréciés, nous dirons sommairement que le pâturage est le régime le plus convenable à la santé des bêtes ovines.

CHAPITRE QUATORZIÈME.

Du Mobilier rural.

D. En bonne administration agricole, de quoi doit se composer le mobilier rural d'une ferme ?

R. Le plus grand talent d'un cultivateur est d'utiliser tout ce qu'il a, et de ne rien conserver de superflu, à moins que ce ne soit comme objet de rechange. Si le manque d'instrumens ou d'outils retarde les progrès de l'agriculture, l'excès occasionne un entretien ruineux.

Nous avons parlé des principaux instrumens aratoires et de ceux de la récolte : quant aux instrumens accessoires, tels que la brouette, les civières, les fourches et crocs et généralement tous les ustensiles d'écurie, il est inutile de les décrire tous, les agriculteurs en connaissent la forme et l'emploi.

D. Nos charrettes à deux roues ont-elles besoin d'être perfectionnées ?

R. Si elles avaient un essieu en fer et une mécanique à

11

enrayer elles seraient suffisamment bonnes et surtout convenables pour nos chemins montueux.

D. Les harnais des chevaux sont-ils soignés en Bretagne ?

R. Non, ils sont loin d'être parfaits, cependant ils suffisent aux besoins. On ferait mieux d'imiter les harnais du roulage, qui ne sont pas coûteux.

D. Le mode d'attelage est-il bon en Bretagne ?

R. Partout, en Bretagne, on attèle les chevaux à la suite les uns des autres, excepté en Cornouaille, où l'on a conservé la méthode ancienne d'atteler les chevaux à longs traits et de fixer les deux traits du même cheval sur un seul crochet, ce qui est évidemment vicieux.

De la comptabilité agricole.

Ce que l'on reproche à juste titre à la plupart de nos agriculteurs à grande exploitation, c'est de ne pas avoir calculé la portée des opérations qu'ils entreprennent ; et ce qui arrête nos industriels de petite culture bretonne dans des essais ou des améliorations qui pourraient leur être avantageux, c'est la crainte de dépenser plus que leurs moyens ne permettent ; ne jugeant du résultat de leur travail que sur l'ensemble du produit, ils confondent la dépense d'une culture avec celle d'une autre, et il arrive souvent que la culture qui, en réalité, leur a occasionné le plus grand bien-être n'est pas celle qu'ils apprécient davantage, parce qu'elle n'est pas dans leurs habitudes routinières.

Il est donc nécessaire d'habituer dès l'enfance nos jeunes cultivateurs à bien juger de la valeur et de leurs travaux et de leurs produits ; et ils y parviendront facilement, s'ils créent une bonne comptabilité de l'exploitation agricole de leurs parens.

Depuis long-temps nos savans agronomes s'occupent de trouver une comptabilité simple et à la portée du cultivateur, qui ordinairement connaît à peine les premières règles de l'arithmétique, et toutes leurs recherches n'ont jusqu'ici abouti qu'à démontrer ce qui est su de tous les comptables, qu'il n'y a de bonne comptabilité possible (rigoureusement parlant) que celle en partie double, et qu'encore cette comptabilité appliquée à l'agriculture laisse beaucoup à désirer.

La comptabilité agricole de M. de Dombasle est la meilleure, mais elle est très compliquée, cependant les agriculteurs à grande exploitation feront bien de l'adopter. Quant à ceux qui n'ont qu'une petite ferme et qui ne peuvent pas donner beaucoup de temps à leurs écritures, voici pour eux un moyen simple de se rendre, chaque année, un compte suffisant de leurs travaux et de leur industrie agricole.

Chaque fois que l'on prend une ferme, ou que l'on entreprend une exploitation agricole, il faut le premier janvier de l'entreprise, faire un inventaire dans lequel on comprend son mobilier agricole, ses chevaux, bestiaux et animaux de basse-cour, son argent comptant, ses approvisionnemens, ses suites de trempe, ses engrais en dépôt, et même ses maisons rurales, si on est propriétaire ; on met à côté l'estimation que l'on fait consciencieusement de chaque objet (Voyez le modèle **A du Maître Pierre** ci-joint).

Une fois l'inventaire fait, on ouvre un compte jour par jour des dépenses et recettes de chaque produit et de la consommation du ménage : un seul cahier contenant autant d'articles qu'il y a de produits différens suffit (Voyez les modèles B, C, D, L, du Maître Pierre). A la fin de chaque année, on fait un résumé partiel de chaque produit et de la dépense qu'il a occasionnée ; ensuite on refait son inventaire ; on ajoute à ses dépenses l'intérêt à 6 pour cent du montant de son inventaire de l'année précédente, et on établit sa situation en mettant toutes les dépenses d'un côté, toutes les recettes de l'autre, et en faisant la soustraction.

A la suite de l'inventaire, on doit aussi, à la fin de chaque année, faire un état de la culture et de la fumure que l'on a donnée à chaque pièce de terre : cela s'appelle cahier d'assolemens.

En terminant, nous répétons que la comptabilité que nous indiquons est loin d'être aussi parfaite que celle de M. de Dombasle, mais, en suivant la première qui est simple, facile, et à la portée du savoir-faire de l'homme le moins lettré, on s'habituera à compter avec soi-même, et ce sera un grand pas de fait.

Nous ajouterons qu'en faisant tracer et imprimer des cahiers de comptabilité agricole, et en les livrant à peu de frais aux cultivateurs, on les engagerait à s'occuper de leurs comptes. Ce qu'il y a de plus lourd et de plus ennuyeux dans la comptabilité que j'indique et que j'emploie, c'est le tracé et l'intitulé de chaque article de comptabilité (1).

H. QUERRET, agriculteur.

---

(1) Pour prouver combien est facile la comptabilité agricole que nous soumettons à l'examen critique de nos honorables collègues les agriculteurs bretons, nous avons joint à l'exposé sommaire de cette comptabilité, un MAITRE PIERRE qui comprend une année du compte que se rend un cultivateur qui est à la tête d'une petite ferme bretonne.

EXEMPLE D'UNE COMPTABILITÉ AGRICOLE.
MAITRE PIERRE.

Pierre, cultivateur, tient en location depuis plusieurs années la ferme de Keravel, située près d'une petite ville de Basse-Bretagne, pour laquelle il paie 600 fr. de redevance et les impôts.

Son personnel se compose de lui, de sa femme Annette, tous deux âgés de cinquante ans, de son fils Jean, âgé de vingt ans, de sa fille Marie, âgée de dix-huit ans, de son fils Yves, âgé de douze ans, et d'un garçon de ferme François, âgé de trente ans : en tout six personnes.

La ferme de Keravel se compose de sept hectares et demi terres labourables, un hectare sous-lande, un hectare sous-taillis, un demi-hectare de sous-prairies arrosées, cinq ares sous fraîche.

Les bâtimens ruraux sont couverts en chaume ; l'entretien en est au fermier ; ce dernier est pareillement chargé de la prestation en nature pour les chemins vicinaux.

Pierre, en cultivateur intelligent, a étudié ses terres et les a classées selon leurs qualités ; il y a cinq hectares de terres lourdes ou franches, et deux hectares et demi de terres légères. Il a adopté l'assolement quinquennal, et divisé ses terres en cinq sols, et chaque sol en un hectare de terre lourde et un demi-hectare de terre légère, sauf quelques modifications à cause de l'inégalité des champs.

NOTA. Pour plus grande facilité, nous supposerons les champs égaux, et nous les désignerons comme suit :

Terres lourdes ou franches.

1º Parc leur, un demi-hectare ; — 2º parc march, id.;— 3º parc verger, id. ; — 4º parc moen, id.; — 5º parc an dour, id ; — 6º parc bras, id.; — 7º parc dallar, id.; — 8º parc tricorn, id ; — 9º parc ar corn ; — 10º parc ar vengleus, id.

Terres légères.

11º Parc klaul, un demi hectare ; — 12º parc mesprigent, id.; — 13º parc land, id.; — 14º parc ar saout, id.; — 15º parc ar rozven, id.

En prenant sa ferme, Pierre a reconnu à son propriétaire un renable en suites de trempes, landes et bois courans, de la valeur de 600 fr. qu'il a permission d'augmenter jusqu'à 1,500 fr.

Pierre tient chaque année un cahier de comptabilité dont nous donnons les modèles ci-contre.

La première page de son cahier contient son inventaire au 1er janvier 1842, et la dernière son inventaire au 1er janvier 1843. Il consacre chaque année une page de son cahier à son état d'assolement, et une autre à ses observations agricoles.

Comme nous l'avons dit, Pierre a adopté l'assolement quinquennal que nous avons indiqué dans notre cours élémentaire, et la feuille d'assolement de la ferme de Keravel porte, à l'année 1842, la culture suivante aux quinze champs de sa ferme.

1o Racines; — 2o froment; — 3o orge avec trèfle; — 4o trèfle; — 5o froment; — 6o racines; — 7o froment; — 8o orge avec trèfle; — 9o trèfle; —10o froment; —11o pommes de terre; — 12o avoine; —13o blé noir; —14o avoine avec ray-grass; — 15o fourrage vert.

Dans les modèles ci-après, on trouve les dépenses et les produits de chaque culture.

Modèle A.

INVENTAIRE DE LA FERME DE KERAVEL
AU 1er JANVIER.

Argent en caisse, ...	600	»»
La jument bai, 10 ans.	300	»»
La jument rousse, 8 ans.	250	»»
La pouliche, 3 ans.	300	»»
La vache glaz, 6 ans.	120	»»
Id. grise, 7 ans.	100	»»
Id. bichette, 12 ans.	90	»»
La génisse, 2 ans.	45	»»
Deux cochons de 6 mois, chacun 27 fr. . .	54	»»
La grande charrette	300	»»
La moyenne ou tombereau.	250	»»
Les trois harnais.	150	»»
Etrilles, brosses, 3 fourches d'écurie et 2 seaux.	20	»»
Une brouette et deux civières, ...	12	»»
La grande araire.	75	»»
La petite id.	45	»»
La grande herse.	40	»»
La petite id.	30	»»
A reporter	2,771	»»

11*

Report, ...   2,771 f. »»
L'auguelon ou herse en bois.   6   »»
Rouleau en pierre.   40   »»
Les harnais de charrue et les palonniers. .   .   60   »»
Les ustensiles de la laiterie.   15   »»
La petite charrette à fourrage.   10   »»
Deux grandes marres, 6 à long manche, 6 bran-
   ches, 6 bidens, 6 râteaux en fer, 6 pelles,
   1 pic, 6 râteaux en bois et 20 fourches en bois,
   1 serpe, 6 faucilles, 1 faux et 1 hache, 6 ti-
   nettes, 1 peigne à lin, fléaux à battre. .   .   150   »»
Quatre huches à grains.   150   »»
Un ventilateur et 6 cribles.   80   »»
Vingt sacs et 2 draps de récolte. .   .   .   100   »»
Foin, 10 milliers.   150   »»
Paille, 20 milliers.   200   »»
Froment, 10 hectolitres.   150   »»
Orge,   idem.   120   »»
Avoine,   idem.   70   »»
Blé noir, idem.   120   »»
Deux auges en pierre et ustensiles pour piler
   la lande.   40   »»
Seigle, 10 hectolitres.   120   »»
Quatre tarrières à 6 fr. l'une.   24   »»
Engrais en trois dépôts.   200   »»
Divers outils, tels que fers, marteau, tenaille. .   10   »»
Suite de trempe, lande et bois courans, et se-
   mence en terre.   1,000   »»

TOTAL de l'inventaire du mobilier rural, non
   compris le mobilier domestique. .   .   .   5,596   »»

NOTA. Lorsque la ferme appartient à celui qui la tient,
on doit comprendre la valeur des bâtimens ruraux (Mémoire).

Modèle B.

DES VACHES LAITIÈRES. (Étable de 4 vaches.)

JOURS du mois.	MOTIFS.	Dépenses	Produits.
1er janv.	Vendu au marché, lait et beurre..........		2 fr.
Id.	Idem............................		1 50
3 id.	Un veau vendu à 8 jours................		5
Etc.	Etc., jusqu'au 31 du mois..............		Mémoire
	(1) *Nota.* Il n'est pas facile de fixer la quantité de fumier que donne une vache ; cela dépend de sa nourriture. Mais, lorsqu'on fait un dépôt de fumier, on crédite chaque mois qui s'est écoulé de la fraction de fumier qui lui revient, à raison de 4 fr. le mètre cube ou la charretée.		
30 id.	Part dans le mulon de fumier pour le mois de janvier.......................		40
	(2) *Nota.* Il serait bien minutieux de mettre chaque jour la quantité de beurre et de laitage que l'on consomme dans la ferme, il faut, de toute nécessité, prendre un terme moyen, et en débiter le ménage. D'après mon calcul, on doit fixer cette dépense du ménage à 0 fr. 07 cent. par personne et par jour. Ainsi, dans une ferme de 6 personnes, on consomme pour 0 fr. 42 cent. par jour, et par mois 12 fr. 60 cent.		
30 id.	Donné en beurre et laitage au ménage pendant le mois.......................		12 60
	(3) *Nota.* Au 1er novembre, on calcule la quantité de paille, foin et racines que l'on destine à ses bestiaux pour les 5 mois d'hiver, on la divise par 5, et on débite chaque mois de ce cinquième.		
30 id.	Nourriture des vaches à l'étable pour 4 vaches pendant 1 mois, à raison de 0 fr. 55 c. par jour et par vache.................	54	
	(4) *Nota.* Du mois d'avril au mois de novembre, les vaches se nourrissent de vert ou de pâturage ; soit qu'on leur donne du trèfle ou du vert, on calcule la valeur des prés, soit naturels, soit artificiels, que l'on consacre à la nourriture des bestiaux, et on divise par 7 pour avoir la dépense de chaque mois. J'ai trouvé que le		

Modèle B. (Suite.)

JOURS du mois.	MOTIFS.	Dépenses	Produits.
30 janv.	terme moyen était de 8 fr. par mois, par tête de vache ou de bœuf.		
30 id.	Soins à donner aux vaches. (Voyez à l'article domestiques et gens de la ferme.)		
	Total du mois de janvier.......		

Lorsqu'il s'agit de bœufs ou de vaches de labour, on met au produit le travail de l'animal, à raison de 0 f. 75 c. par jour de travail.

ANNÉE 1842. **Modèle C.**

DES CHEVAUX DE LABOUR. (Écurie de 3 chevaux.)

JOURS du mois.	MOTIFS.	Dépenses	Produits.
1er janv.	»		
2 id.	Charrois de fumier à 3 chevaux à pommes de terre........................		4 fr.
3 id.	Idem. idem..........		4
4 id.	Labour préparatoire à betterave. Idem....		4
5 id.	Repos............................		
6 id.	Charrois de manou à prairie, idem.........		4
Etc.	Etc., etc., jusqu'au 31 janvier.........		Mémoire
	Nota. Au 1er novembre , on calcule la quantité de paille, foin, racines et avoine que l'on destine à ses chevaux; pour les 5 mois d'hiver , on divise par 5 , et on débite chaque mois d'un cinquième.		
30 id.	Nourriture de 3 chevaux à l'écurie pendant un mois........................	67 fr. 50	
30 id.	Ferrage de 3 chevaux pendant 1 mois......	4 50	
	Nota. Pendant les 7 mois d'été, la nourriture des chevaux au vert se calcule sur la valeur de la récolte des prairies naturelles et artificielles qu'on destine à cet usage, valeur que l'on divise par 7 pour avoir la dépense de chaque mois. — J'ai trouvé cette dépense de 15 fr. par mois et par cheval, y compris la paille de litière.		

Modèle C. (Suite.)

JOURS du mois.	MOTIFS.	Dépenses	Recettes.
30 janv.	Pour le produit en fumier, voyez la note (1) au modèle B des vaches. Le produit en fumier pour 3 chevaux à l'écurie doit être pendant un mois de.................... Soins donnés aux chevaux. (Voy. à l'article domestiques.)		7 fr. 50
	Total du mois de janvier........		

ANNÉE 1843.   Modèle D.

DES BŒUFS OU VACHES A L'ENGRAIS.
(Étable d'un bœuf.)

JOURS du mois.	MOTIFS.	Dépenses	Recettes.
2 janvier	Achat d'un bœuf maigre................	150 fr.	
	Nota. On met de côté des racines, du foin, de la paille, de l'orge pour engraisser le bœuf, et on calcule sur trois mois d'engraissement. Rarement on obtient un engraissement complet dans ce laps de temps. — J'estime la ration d'un bœuf à l'engrais à 1 fr. 25 cent. par jour.		
30 id.	Nourriture du bœuf pendant le mois......	36 50	
id.	Paille pour litière et soins pendant le mois.	6 »	
id.	Un bœuf à l'engrais fait 1 mètre cube de fumier par mois...................		4 fr.
	Total du mois de janvier...........	192 f. 50	4 fr.

ANNÉE 1842.   **Modèle E.**
FROMENT.
(2 hect., savoir : parc March, parc an dour, parc Dallar, parc ar Vengleus.)

MOIS d'août 1842	MOTIFS.	TRAVAIL des gens et des chevaux de la ferme.	TRAVAIL des ouvriers à la journée.	PRODUITS.
4	Neuf personnes pour couper le blé à 1 fr. par jour, et 2 pour gerber.	5 fr.	6 fr.	
5	Journée de charrois pour conduire le blé sur l'aire, et 2 hommes....	7		
6	Huit batteurs et tous les gens de la ferme..........................	6	12	
7	Idem. idem.........	6	12	
8	Tous les gens de la ferme pour vanner	6		
9	Tous les gens de la ferme pour mulonner la paille	6		
30	40 hectolitres de froment à 15 fr.			600 fr.
id.	15 milliers de paille à 10 fr.....			150 »
	Total de la récolte............	36 fr.	30 fr.	750 fr.

Nota. — Après froment, les mêmes champs doivent recevoir une culture préparatoire, savoir : parc march et parc dallar; pour orge, parc an dour et parc ar vengleus, pour racines... Voy. le modèle ci-joint E *bis*.

ANNÉE 1842.   **Modèle E** *bis*.
CULTURE APRÈS FROMENT DE L'ANNÉE.
(2 hect., parc March, parc an Dour, parc Dallar, parc ar Vengleus.)

MOIS d'octobre	MOTIFS.	TRAVAIL des gens de la ferme.	TRAVAIL des chevaux de la ferme.
1er	Labour profond à 3 chevaux et 2 hommes.. Parc march.....	1 f. 50	4 f. 50
2	Idem. Parc an dour......	1 50	4 50
3	Idem. Parc dallar........	1 50	4 50
4	Idem. Parc ar vengleus....	1 50	4 50

Nota. — Les autres travaux et l'engrais pour la culture de l'orge et des racines seront portés à la dépense de 1843.

ANNÉE 1842. **Modèle G.**

ORGE AVEC TRÈFLE.
(1 hect. Parc Verger et parc Tricorn.)

MOIS dem ars.	MOTIFS.	TRAVAIL des gens et des chevaux de la ferme.	TRAVAIL des ouvriers externes.
	Nota. Dans la dépense du mois de janvier se trouve celle de la fumure et du second labour préparatoire.		
10	Labour léger de semence à 2 chevaux et 2 hommes...............................	4 f. 50	
11	Idem................................	4 50	
12	Hersage et nettoyage de la terre...........	7 »	
13	Semis, roulage et râtelage.............	7 »	
	Nota. On ne porte les semences en dépenses que pour mémoire, parce qu'elles sont comprises dans l'inventaire de fin d'année. — 3 hect. d'orge semence (27 fr.) et 10 k. de trèfle (10 fr.) — (Mémoire.)		

ANNÉE 1842. **Modèle G bis.**

ORGE AVEC TRÈFLE.
(1 hect. Parc Verger et parc Tricorn.)

MOIS de septemb.	MOTIFS.	TRAVAIL des gens et des chevaux de la ferme.	TRAVAIL des ouvriers externes.	PRODUITS.
2	Tous les gens de la ferme à couper l'orge...................	6 fr.		
3	Idem..................	6		
6	Tous les gens de la ferme à botteler et mulonner...............	6		
7	Tous les gens de la ferme à finir de botteler et à charroyer sur l'aire.	10		
8	Huit batteurs et tous les gens de la ferme...................	6	12 fr.	

Modèle G *bis*. (Suite.)

MOIS de septemb.	MOTIFS.	TRAVAIL des gens et des chevaux de la ferme.	TRAVAIL des ouvriers externes.	PRODUIT.
9	Tous les gens de la ferme à vanner.	6 fr.		
10	idem. mulonner la paille.	6		
30	30 hectolitres orge à 9 fr............			270 fr.
id.	6 milliers de paille..............			72
	Total de la dépense et du produit de l'année............			

Nota. — Si le trèfle est très vigoureux, on peut le faire paître aux chevaux ou aux vaches vers la fin d'octobre, mais généralement il vaut mieux le laisser, car les vaches arrachent ou enfouissent les plans quand la terre est trop meuble, ce qui arrive souvent.

ANNÉE 1842. ## Modèle H.

AVOINE. (1 hect. Parc ar Saout et parc Mesprigent.)

JOURS de l'année.	MOTIFS.	TRAVAIL des gens et des chevaux de la ferme.	TRAVAIL des ouvriers à la journée.	PRODUIT.
	Nota. La dépense du labour et de l'ensemencement se trouve au compte de 1841..............			
20 mars.	Hersage léger pour butter l'avoine............	3 f. 50		
10 août.	Tous les gens de la ferme à couper l'avoine............	6 »		
11 id.	Idem. idem., et à botteler et mulonner............	6 »		
14 id.	Tous les gens de la ferme à botteler et à conduire sur l'aire............	10 »		
15 id.	Tous les gens de la ferme et 6 batteurs à battre............	6 »	12 fr.	
16 id.	Tous les gens de la ferme à vanner.	6 »		
17 id.	Idem. à mulonner la paille..............	6 »		
		43 f. 50	12 fr.	

Modèle II. (Suite.)

JOURS de l'année.	MOTIFS.	TRAVAIL des gens et des chevaux de la ferme.	TRAVAIL des ouvriers à la journée.	PRODUIT.
	Report..............	43 f. 50	12 fr.	
18 août.	Les femmes à nettoyer la balle....	1 20		
30 id.	30 hectolitres d'avoine à 7 fr.......			210 fr.
id.	7 milliers de paille à 10 fr........			70
id.	Balle vendue au marché ou donnée au ménage.................			12
id.	Coupe de fourrage vert dans parc ar saout.................			15
1er nov.	Labour préparatoire dans parc ar mesprigent pour pommes de terre........................	6 »		
		50 f. 70	12 f.	307 fr.

Année 1842. Modèle I.

BLÉ NOIR. (1/2 hect. Parc Land.)

JOURS de l'année.	MOTIFS.	FUMURES. Travail des gens et des chevaux de la ferme.	TRAVAIL des ouvriers à la journée.	PRODUIT.
2 février	10 charretées de fumier, charrois compris.................	60 f. »		
3 id.	2 hommes de la ferme à étendre le fumier.................	1 50		
4 id.	Second labour préparatoire pour enterrer le fumier..........	4 50		
10 juin.	Labour de semence à 2 chevaux....	4 50		
11 id.	Hersage et nettoyage de la terre avec tous les gens de la ferme...	6 »		
12 id.	Semaille et râtelage, non compris le coût de la semence porté à l'inventaire et au compte de magasin........................	4 50		
		81 fr. »		

Modèle I. (Suite.)

JOURS de l'année.	MOTIFS.	FUMURE. Travail des gens et des chevaux de la ferme.		TRAVAIL des ouvriers à la journée.	PRODUIT.
	Report.............	81 fr.	»		
2 octobr.	Tous les gens de la ferme à couper le blé noir, et à le mettre en petits mulons debout.............	4	50		
6 id.	Transport sur l'aire et battage par les gens de la ferme.............	8	»		
7 id.	Continuation du battage et mulonnage de la paille.............	6	»		
8 id.	Vannage du blé noir.............	4	50		
9 id.	Frottage du blé noir.............	1	20		
2 nov.	Labour profond avec palaratre pour avoine avec ray-grass.............	7	»	8 fr.	
	Nota. Le coût de la semence est porté à l'inventaire et au compte de magasin.............				
30 id.	15 hectolitres blé noir à 10 fr......				150 fr.
id.	3 milliers de paille à 4 fr...........				12
		112 f.	50	8 fr.	162 fr.

ANNÉE 1842.   Modèle II.
POMMES DE TERRE. (1/2 hect. Parc Kléul.)

JOURS de l'année.	MOTIFS.	FUMURE. Travail des gens et des chevaux de la ferme.		TRAVAIL des ouvriers étrangers	PRODUIT.
2 février	20 charretées de fumier, charrois compris.............	130 fr.	»		
20 id.	Les gens de la ferme à étendre le fumier.............	6	»		
28 id.	Semaille de pommes de terre à la charrue, semaille non comprise. (Voy. compte de magasin.)	7	» 50	2 fr. 40	
		133 f.	50	2 fr. 40	

Modèle K. (Suite.)

JOURS de l'année.	MOTIFS.	FUMURE. Travail des gens et des chevaux de la ferme.	TRAVAIL des ouvriers étrangers	PRODUIT.
	Report......	133 f. 50	2 f. 40	
29 févr.	Façon de fosses de sillons et rectification de labour............	4 50		
3 avril.	Sarclage des pommes de terre à la main............	4 50		
4 id.	Idem., et pour ramasser les mauvaises herbes............	4 50		
4 mai.	Buttage des pommes de terre par tous les gens de la ferme. (Ouvrage à la main.)............	4 50		
11 id.	Idem............	4 50		
15 oct.	Extraction des pommes de terre, et charrois............	7 50		
16 id.	Idem. idem............	7 50		
18 id.	Labour profond avec palaraire pour avoine............	7 »	8 »	
30 id.	80 hectolitres de grosses pommes de terre pour vendre à 2 fr. 50 c. l'un, charrois déduit............			200 fr. »
	40 hectolitres moyennes et petites pommes de terre pour aliment de bestiaux et semences, à 1 fr. 50 cent............			60 »
		178 fr. »	10 f. 40	260 fr. »

ANNÉE 1842.   **Modèle L.**

CAROTTES. (1/2 hect. Parc Leur.)

JOURS de l'année.	MOTIFS.	FUMURE Travail des gens et des chevaux de la ferme.	TRAVAIL des ouvriers étrangers	PRODUIT.
3 janv.	20 charretées de fumier, charrois compris	120 f. »		
4 id.	Les gens de la ferme à étendre le fumier..............................	6 »		
5 id.	Labour préparatoire...............	4 50		
1er mars	Labour et palaratre à chaque coup de charrue........................	7 50	8 fr.	
2 id.	Semence en rayon, hersage et ratissage	7 50	1 » 20	
6 mai.	Sarclage. Tous les gens de la ferme.	4 50		
7 id.	Idem. idem.............	4 50		
8 id.	Idem. idem.............	4 50		
5 juill.	Idem. idem.............	4 50		
6 id.	Idem. idem.............	4 50		
3 nov.	Arrachis à la charrue et nettoyage.	7 50	1 » 20	
4 id.	Mise en magasin, et couper les pampres..........................	6 50		
5 id.	Idem. idem.................	4 50		
6 id.	Labour léger pour semence de blé.	4 50		
7 id.	Semaille et hersage, non compris la semaille. (Voyez compte de magasin.)	4 50		
30 id.	80 hectolitres de carottes à 3......			240 fr. »
		195 fr. 50	10 f. 40	240 fr. »

ANNÉE 1842. ## Modèle M.

BETTERAVES. (1/2 hect. Parc Bras.)

JOURS de l'année.	MOTIFS.	FUMURE. Travail des gens et des chevaux de la ferme.	TRAVAIL des ouvriers étrangers	PRODUIT.
6 janvier	20 charretées de fumier..........	120 fr. »		
7 id.	Labour préparatoire et étendre le fumier	10 50		
3 mars.	Semaille de la graine pour repiquage et graine..............	11 20		
4 juin.	Labour pour repiquage..........	4 50		
5 id.	Repiquage par les gens de la ferme.	4 50		
25 juillet	Sarclage par les gens de la ferme...	4 50		
26 oct.	Arrachage des betteraves........	4 50		
27 id.	Décolage et charrois............	7 50		
30 id.	12,000 kilog. à 18 fr. le mille.....			216 fr. »
id.	Pampres pour vaches...........			10 »
8 nov.	Labour léger pour semer le blé, semaille et hersage (la semence au compte du magasin)...........	4 50		
		171 f. 50		226 fr. »

ANNÉE 1842. ## Modèle N.

TRÈFLE ET RAY-GRASS.

(1 hect. 1/2. Parc Moen, parc ar Forn, parc ar Rozven.)

JOURS de l'année.	MOTIFS.	FUMURE. Travail des gens et des chevaux de la ferme.	PRODUIT.
29 févr.	Tous les gens de la ferme à nettoyer les trèfles et abattre les taupinières.........	4 f. 50	
Du 15 au 3 avril.	Première coupe de ray-grass dans parc rozven..............................		35 fr. »
		4 f. 50	35 fr. »

Modèle N. (Suite.)

JOURS de l'année.	MOTIFS.	FUMURE. Travail des gens et des chevaux de la ferme.		PRODUIT.	
	Report......	4 f.	50	85 fr.	»
Du 1er mai au 30 id.	Première coupe de trèfle dans parc moen.			70	»
13 juin.	Tous les gens de la ferme à couper le foin de trèfle dans parc ar forn............	4	50		
14 id.	Idem, idem, et fumer.	4	50		
15 id.	Idem, idem, id.	4	50		
16 id.	Idem, idem, et à mulonner............	4	50		
1er juill.	Charrois du trèfle et mulonnage définitif.,.,	7	50		
Du 1er juin au 15 oct.	Fourrage vert dans les trois champs.,.,,.,			100	»
id.	5 milliers de foin de trèfle à 20 fr.........			100	»
28 id.	20 charretées de fumier, 10 dans parc moen, 10 dans parc ar forn................	120	»		
29 id.	20 charretées de compost ou manou dans parc rozven..................	60	»		
30 id.	Gens de la ferme à étendre le fumier......	4	50		
31 id.	Idem..............	4	50		
nov.	Labour entier pour semer le blé avec palaraire à chaque sillon (dans parc moen)...	8	50		
10 id.	Semaille et herbage, non compris la semence.............	7	50		
11 id.	Labour entier pour semer le blé dans parc ar forn, avec palaratre à chaque sillon. ...	8	50		
12 id.	Semaille et hersage, non compris la semence..........	7	50		
	Pâturage d'hiver dans parc rozven........			30	»
	Total de l'année....................	251 fr.	»	335 fr.	»

ANNÉE 1843.   ## Modèle O.

PRÉS ET FRAICHES. (1/2 hect.)

JOURS de l'année.	MOTIFS.	TRAVAIL des gens de la ferme.	PRODUIT.
	Nota. Depuis que Pierre tient ses prés, il les a améliorés en 1842, et n'a plus à y faire que des travaux d'entretien.		
En févr.	Rigolage des prés, deux journées des gens de la ferme...............	1 f. 50	
17 juin.	Fauchage du grand pré..............	1 50	
id.	Fanage. Tous les gens de la ferme, excepté Pierre...............	3 50	
18 id.	Fanage, avec Pierre...............	4 50	
19 id.	Finir de faner et mulonner...........	3 50	
20 id.	Charroyer et faire le mulon de foin......	8 50	
»	Produit de la fraîche pendant l'année......		36 fr. »
»	5 milliers de foin à 15 fr.............		75 »
»	Regain pour les vaches...............		15 »
	Total de l'année..............	23 fr. »	126 fr. »

ANNÉE 1842.   ## Modèle P.

FUMIERS.

JOURS de l'année.	MOTIFS.	Dépenses	PRODUIT
2 janvier	20 charretées de fumier dans parc klaul	120 fr. »	
id.	Achat de fumier...............		200 fr. »
3 id.	20 charretées de fumier dans parc leur.....	120 » »	
6 id.	20 idem. parc bras.....	120 » »	
2 février	10 idem. parc land.....	60 » »	
28 octob.	10 idem. parc moen....	60 » »	
id.	10 idem. parc ar forn...	60 » »	
29 id.	20 idem. de compost dans parc rozven...	60 » »	
1er jany.	Fumier de réserve de l'année 1841 (Voyez à l'inventaire.)		200 »
31 déc.	Fumier des vaches pendant l'année........		120 »
id.	Idem. chevaux pendant l'année.		100 »
id.	Idem. cochons et compost............		110 »
	Total à la fin de l'année...........	600 fr. »	730 fr. »

Modèle Q.
MÉNAGE ET DOMESTIQUE.

JOURS de l'année.	MOTIFS.	Dépenses et entretien du ménage.	Dépense du domestique	Produits.
1er janv.	Etrennes au domestique et aux enfans............	10 fr. »		
2 id.	Un quartier hecto de froment pris au magasin............	15 »		
id.	Un quartier d'orge, idem........	10 »		
id.	Un quartier blé noir, idem........	10 »		
id.	Un quartier avoine, idem........	7 »		
id.	Pris à la charge les deux cochons.	54 »		
id.	Pris quatre quartiers de petites pommes de terre pour engraisser le cochon......................	6 »		
3 id.	Du savon........................	1 »		
id.	De la chandelle..................	1 50		
4 id.	Etc. etc................	Etc.		
5 id.	Etc. etc................	Etc.		
6 id.	Etc. etc................	Etc.		
13 déc.	Vendu un des cochons gras.......			100 fr. »
31 id.	Gages du domestique.............		105 fr. »	
	Chauffage pendant l'année........	120 fr. »		
	Nota. On a mis à la dépense de chaque produit le travail des gens du ménage ; mais cette dépense ne doit figurer, dans les comptes partiels, que pour faire connaître le coût de chaque produit ; le ménage doit compenser ses déboursés par ce que la ferme retire du travail manuel des fermiers.			
	Ainsi les 3 hommes ont travaillé chacun 300 jours dans l'an. En tout 900 journées d'hommes.			
	Les 2 femmes et l'enfant autant.			
	La dépense de l'année a été, y compris les gages du domestique, de 780 fr., sur laquelle on a déduit le prix du cochon vendu 100 fr. Reste, 680 fr.	775 fr. »	105 fr. »	100 fr. »
	Les 900 journées d'hommes ont coûté......................		400 fr.	
	Les 900 journées de femmes et d'enfans....................		260	
			600 fr.	

Année 1842.   **Modèle R.**

INVENTAIRE DE PIERRE POUR LA FERME DE KERAVEL, au 1er janvier 1843.

En caisse, en argent.	909	20
La jument baie, 11 ans.	250	»»»
La jument rousse, 9 ans.	250	»»»
La pouliche, 4 ans.	275	»»»
La vache glaz, 7 ans.	120	»»»
La vache grise, 8 ans.	100	»»»
Bichette, 13 ans.	72	»»»
La génisse, 3 ans.	72	»»»
La grande charrette.	280	»»»
La moyenne charrette.	220	»»»
Les trois harnais.	150	»»»
Instrumens et ustensiles d'écurie.	30	»»»
Brouettes et civières.	12	»»»
La grande araire	75	»»»
La petite araire	45	»»»
La grande herse	35	»»»
La petite herse	30	»»»
La herse en bois	6	»»»
Le rouleau en pierre	40	»»»
Les harnais de charrue et palonniers	50	»»»
Les ustensiles de laiterie	12	»»»
La petite charrette à fourrage	60	»»»
Divers instrumens aratoires	150	»»»
Quatre bâches à grains	150	»»»
Ventilateurs et cribles	80	»»»
Sacs et draps de récolte	90	»»»
20 milliers de paille.	200	»»»
10 milliers de foin.	150	»»»
En carottes et betteraves.	189	»»»
7 hecto froment.	105	»»»
10 id. orge	100	»»»
18 id. avoine	126	»»»
6 id. blé noir.	50	»»»
25 id. pommes de terre.	75	»»»
Auges en pierre et ustensiles à piler la lande. .	40	»»»
4 tarrières.	24	»»»
Engrais en trois dépôts.	130	»»»
Divers outils.	10	»»»
Provision de bois et de lande pour chauffage. .	100	»»»
Manous et composts.	100	»»»
Trempes de terre, landes, bois courans et semence en terre.	1,150	»»»
Total.	6,212	20

Non compris le mobilier domestique.

L'inventaire au 1er janvier 1842 était de.	5,596	»»»
Augmentation dans l'inventaire.	616	20

Année 1842.   **Modèle S.**

BUDGET DE PIERRE au 31 décembre 1842.

JOURS de l'année.	MOTIFS.	Recette.	Dépense.
1er janv.	Avoir en argent au 1er janvier 1842........	600 f. »	
Etc.	Produit des vaches, en lait, beurre et veau.	240 »	
Etc.	Idem. en fumier.................	120 »	
	Achat d'un bœuf maigre...............		150 f. »
	Vente de 2 poulains de 6 mois.............	300 »	
	Fumier de cheval...................	100 »	
	Fumier de cochon et compost.............	110 »	
	Vente d'un bœuf gras.................	290 »	
	Vendu 30 hectolitres froment à 16 fr.......	450 »	
	Id. 15 id. orge à 10 fr..........	150 »	
	Id. 15 id. avoine à 7 fr.........	105 »	
	Id. 10 id. blé noir à 10 fr......	100 »	
	Id. 60 id. grosses pommes de terre à 3 fr........	180 »	
	Id. 500 fagots à 10 fr. le cent......	50 »	
	Donné au ménage : 1o deux cochons........	54 »	
	2o 8 hectolitres de froment à 15 fr..	120 »	
	3o 12 idem. d'orge à 10 fr..	120 »	
	4o 4 idem. avoine à 7 fr..	28 »	
	5o 6 idem. blé noir à 10 fr..	60 »	
	6o 15 idem. pommes de terre à 3 fr..	45 »	
	7o en lait et beurre.................	156 20	
	8o en bois courans et lande.............	120 »	
	Reçu en dépôt de fumier de 1841..........	200 »	
	Balle d'avoine...................	12 »	
	Vendu 10 hectol. seigle.............	120 »	
	Aumônes et redevances à l'église.........		30 »
	Ouvriers étrangers et menus frais.........		86 »
	Payé le prix de ferme...............		600 »
	Payé les impôts.................		86 50
	Achat de fumier.................		600 »
	Dépense en fumier................		600 »
	Dépense du ménage et des domestiques....		780 »
	Entretien du mobilier rural............		110 »
	La ferme a produit pour nourriture et litière des chevaux, des vaches et des bœufs à engraisser, en fourrage, racines et paille, savoir :		
	Total partiel.................	2,890 20	2,511 50

Modèle S. (Suite).

JOURS de l'année.	MOTIFS.	Recette.	Dépense.
Janvier.	Report..............	8,800 20	2,511 50
	Fraîche................ 36		
	Regain................. 15		
	Trèfle et ray-grass..... 185		
	Foin.................. 175	1,443 »	
	Paille................ 304		
	Betteraves............ 226		
	Carottes.............. 240		
	Pommes de terre...... 262		
	La nourriture du bœuf à l'ongrais a coûté....		126 »
	La nourriture des vaches pendant l'année...		555 »
	La nourriture des chevaux et le ferrage.....		706 50
	Entretien de Pierre et de sa famille..........		350 »
	Pierre a semé :		
	5 hect. de froment............. 75		
	3 id. orge.................. 30		
	3 id. avoine.............. 21	153 »	
	3 id. blé noir............. 3		
	8 id. pommes de terre à 3 fr. 24		
	Il lui reste en magasin pour 1843 :		
	7 hect. de froment.......... 105		
	18 id. avoine............. 126		
	5 id. blé noir............. 50	456 »	
	10 id. orge............... 100		
	25 id. pommes de terre... 75		
	Mais l'année 1841 lui avait donné ses		
	semences.................... 153 fr.		
	En denrée en magasin pour,........... 460		
	On doit donc retrancher du bénéfice		
	de l'année.................... 613 fr.		
	qui figureront en partie à l'inventaire		
	de 1843.		
	Intérêts de l'inventaire du 1er janvier 1842		
	au 1er janvier 1843...................		290 »
		5,942 20	4,669 »

BALANCE.
Recette............. 5,942 fr. 20 c.
Dépense.......... 4,669 00

Différence....... 1,273 fr. 20 c.

RÉSULTAT.

Sur cette somme de....................	1,273 fr.	20 c.
Il y a en magasin en grains et pommes de terre.......................	456	»
Reste en caisse.....	817	20
Augmentation dans l'inventaire.....	616	20
	1,433 fr.	40
Pierre avait en caisse au 1er janvier 1842....	600	»
Bénéfice de son inventaire agricole pendant l'année 1842.......................	833 fr.	40 c.

OBSERVATIONS.

On remarquera qu'on n'a pas porté à ce budget pour 189 f. de re... en magasin qui se trouvaient à l'inventaire de 1842, et qui se retrou... en même quantité et valeur à celui de 1843, ce qui établit une compens... tion.

On n'a pas porté comme valeur de travail des chevaux, bien qu'on ait porté leur nourriture, parce que cela n'entre pas en caisse. Mais on a porté ce travail au compte de chaque produit pour faire connaître le prix du revient de ce produit....................

La nourriture des trois chevaux a coûté 706 fr. 50 cent.

Ils ont fait, dans l'année, 500 journées, ce qui porte la journée des chevaux à 1 fr. 41 cent.

FERME de KERAVEL,
Tenue par Pierre.

FEUILLE D'ASSOLEMENT
de 1842 à 1856.

de 1 à 10 *terres lourdes* et de 11 à 15 *terres légères.*
Assolement quinquennal pour terres lourdes et légères.

MODÈLE T.	1. PARC LEUR.	2. PARC MARC'H.	3. PARC VERGER.	4. PARC MOAN.	5. PARC AR DOUR.	6. PARC …	7. PARC DALLAR.	8. PARC TRICORN.	9. PARC AR FORN.	10. PARC VENGLEUS.	11. PARC XERBAUL.	12. PARC MESPRODENT.	13. PARC …	14. PARC AR SAOUT.	15. PARC ROSVEN.
1842.	Racines fumées.	Froment.	Orge avec 1/2 fumure.	Trèfle.	Froment.	…	Froment.	Orge avec trèfle. 1/2 fumure.	Trèfle.	Froment.	Pommes de terre fumées.	Avoine.	…	Avoine avec ray-grass.	Fourrage vert ray-grass.
1843.	Froment.	Orge avec trèfle. 1/2 fumure.	Trèfle.	Froment.	Racines fumées.	…	Orge avec trèfle. 1/2 fumure.	Trèfle.	Froment.	Racines fumées.	Avoine.	Blé-noir 1/2 fumure.	…	Fourrage vert ray-grass.	Pommes de terre fumées.
1844.	Orge avec trèfle. 1/2 fumure.	Trèfle.	Froment.	Racines fumées.	Froment.	…	Trèfle.	Froment.	Racines fumées.	Froment.	Blé-noir 1/2 fumure.	Avoine avec ray-grass.	…	Pommes de terre fumées.	Blé-noir 1/2 fumure.
1845.	Trèfle.	Froment.	Racines fumées.	Froment.	Orge avec trèfle. 1/2 fumure.	…	Froment.	Racines fumées.	Froment.	Orge avec trèfle. 1/2 fumure.	Avoine avec ray-grass.	Fourrage vert ray-grass.	…	Avoine.	Avoine avec 1/2 fumure.
1846.	Froment.	Racines fumées.	Froment.	Orge avec trèfle. 1/2 fumure.	Trèfle.	…	Racines fumées.	Orge avec trèfle. 1/2 fumure.	Trèfle.	…	Fourrage vert ray-grass.	Pommes de terre fumées.	…	Blé-noir 1/2 fumure.	Avoine avec ray-grass.
1847.	Racines fumées.	Froment.	Orge avec trèfle. 1/2 fumure.	Trèfle.	Froment.	…	Froment.	Orge avec trèfle. 1/2 fumure.	Trèfle.	Froment.	Pommes de terre fumées.	Avoine.	…	Avoine avec ray-grass.	Fourrage vert ray-grass.
1848.	Froment.	Orge avec trèfle. 1/2 fumure.	Trèfle.	Froment.	Racines fumées.	…	Orge avec trèfle. 1/2 fumure.	Trèfle.	Froment.	Racines fumées.	Avoine.	Blé-noir 1/2 fumure.	…	Fourrage vert ray-grass.	Pommes de terre fumées.
1849.	1/2 fumure orge avec trèfle.	Trèfle.	Froment.	Racines fumées.	Froment.	…	Trèfle.	Froment.	Racines fumées.	Froment.	Blé-noir 1/2 fumure.	Avoine avec ray-grass.	…	Pommes de terre fumées.	Avoine.
1850.	Trèfle.	Froment.	Racines fumées.	Froment.	Orge avec trèfle. 1/2 fumure.	…	Froment.	Racines fumées.	Froment.	Orge avec trèfle. 1/2 fumure.	Avoine avec ray-grass.	Fourrage vert ray-grass.	…	Avoine.	Blé-noir 1/2 fumure.
1851.	Froment.	Racines fumées.	Froment.	Orge avec trèfle. 1/2 fumure.	Trèfle.	…	Froment.	Orge avec trèfle. 1/2 fumure.	Trèfle.	Fourrage vert ray-grass.	Pommes de terre fumées.	…	Avoine.	Fourrage.
1852.	Racines fumées.	Froment.	Orge avec trèfle. 1/2 fumure.	Trèfle.	Froment.	…	Trèfle.	Froment.	…	Blé-noir 1/2 fumure.	Avoine.	…	…	…
1853.	Froment.	Orge avec trèfle. 1/2 fumure.	Trèfle.	Racines fumées.	Orge avec trèfle. 1/2 fumure.	…	Trèfle.	Froment.	Racines fumées.	Blé-noir 1/2 fumure.	Avoine.	…	Fourrage vert	Pommes de terre fumées.
1854.	Orge avec trèfle. 1/2 fumure.	Trèfle.	Froment.	Racines fumées.	Trèfle.	…	Racines fumées.	Froment.	Blé-noir 1/2 fumure.	Avoine.	…	Avoine.	Blé-terre fumées.	Avoine.
1855.	Trèfle.	Froment.	Racines fumées.	Froment.	…	…	Racines fumées.	Froment.	Orge avec trèfle. 1/2 fumure.	Avoine avec ray-grass.	Fourrage vert	…	Blé-noir 1/2 fumure.
1856.	Froment.	Racines fumées.	Froment.	Orge avec trèfle. 1/2 fumure.	Froment.	…	Froment.	Orge avec trèfle. 1/2 fumure.	Trèfle.	Fourrage vert ray-grass.	…	Avoine.	…	Avoine avec ray-grass.